本书获辽宁科技大学优秀学术著作出版基金资助

智能计算方法在
高炉生产目标预测中的应用

Application of Intelligent Computing Methods in Target Prediction of Blast Furnace Production

杨 凯 著

北 京
冶 金 工 业 出 版 社
2022

内容提要

本书共分6章，主要内容包括绪论、智能计算方法、概念格生成及属性约简、基于概念格约简的高炉焦比预测、基于改进粒子群的铁水硅含量稳定性分析、基于改进随机森林的铁水硅含量预测。

本书可供从事钢铁冶金和智能计算方法预测研究的工程技术人员和科研人员阅读，也可供大专院校有关专业的师生参考。

图书在版编目(CIP)数据

智能计算方法在高炉生产目标预测中的应用／杨凯著．—北京：冶金工业出版社，2022. 8

ISBN 978-7-5024-9257-1

Ⅰ.①智… Ⅱ.①杨… Ⅲ.①智能计算机—计算方法—应用—高炉 Ⅳ.①TF57-39

中国版本图书馆CIP数据核字(2022)第152657号

智能计算方法在高炉生产目标预测中的应用

出版发行 冶金工业出版社 **电　　话** (010)64027926
地　　址 北京市东城区嵩祝院北巷39号 **邮　　编** 100009
网　　址 www. mip1953. com **电子信箱** service@ mip1953. com

责任编辑 杜婷婷 美术编辑 彭子赫 版式设计 郑小利
责任校对 梁江凤 责任印制 李玉山 窦 唯
三河市双峰印刷装订有限公司印刷
2022年8月第1版，2022年8月第1次印刷
710mm×1000mm 1/16；8印张；156千字；119页
定价68.00元

投稿电话 (010)64027932 投稿信箱 tougao@cnmip. com. cn
营销中心电话 (010)64044283
冶金工业出版社天猫旗舰店 yjgycbs. tmall. com
(本书如有印装质量问题，本社营销中心负责退换)

前　言

21世纪钢铁生产的发展不是简单的数量增加，而是伴随着科技进步、结构优化、技术经济指标的全面改善。在钢铁工业中，高炉炼铁是钢铁生产系统中能耗最大的环节，对高炉生产系统进行分析和优化，对于企业节能减排、降低生产成本和增加企业核心竞争力具有十分重要的研究价值。高炉冶炼是一个极其庞大、复杂的高温反应过程，传统的依赖对象精确数学模型的控制方法在实际应用中显得力不从心，而近几年新兴的智能计算方法的发展和应用，为复杂冶金过程的优化控制提供了新的思路，将多种智能算法进行集成建模，可以实现优势互补，获得更好的优化性能。

高炉冶炼过程极其复杂，影响因素众多，特征提取和选择的结果很大程度上影响着分类器的设计和性能。本书采用了鱼骨分析的方法获取所有可能对入炉焦比和铁水硅含量产生影响的因素，并利用相关系数作为特征选择的判别规则以优选输入变量。为了保证在分类能力不变的前提下用尽可能少的特征来完成分类，本书介绍了一种基于概念格的多层属性约简算法，对冗余参数进行数据约简。针对国内高炉入炉焦比普遍偏高的问题，介绍了基于概念格约简和遗传算法相结合的焦比预测模型。针对高炉铁水硅含量预测模型精度不高的问题，将人工鱼群算法中的视野机制引入标准粒子群算法，介绍一种基于变邻域结构的粒子群优化算法，将局部最优策略和全局最优策略有机结合。

在标准粒子群的局部开发中将模拟退火状态转换的思想加入黄金正弦操作，以此提升局部搜索精度，同时从炼铁学和统计学双方面分析目标参数的影响因素，形成高质量的数据集，并将基于智能优化的随机森林模型用于铁水硅含量预测，与其他模型进行了对比实验，验证其有效性。

本书针对高炉炼铁中的目标参数预测问题，探索采用智能计算方法与机器学习方法相结合的方式加以解决，主要是作者近几年的研究成果，还参阅了国内外专家、学者在智能计算方法和冶金生产环节数据挖掘方面的理论与实践研究成果及文献资料，感谢研究生胡传真对本书提供的帮助，在此一并深表谢意。

由于作者水平所限，加之机器学习技术及应用处于快速发展变化之中，书中难免有不妥之处，恳请广大读者批评指正。

作　者

2022年5月

目　录

1 绪　　论

1980—2010 年间，中国钢铁工业吨钢综合能耗从 1980 年的 2.040t 下降到 2000 年的 1.180t，下降率为 42.16%，从 2000 年开始，大中型钢铁企业的吨钢能耗从 1980 年的 1.646t 下降到 2005 年 0.741t，下降率为 54.98%。1980—2010 年 30 年间中国大中型钢铁企业的吨钢可比能耗呈现出周期性变化，即每隔 15 年吨钢能耗曲线下降规律相同，呈三段式发展规律：前 5 年能耗曲线下降快，年均节能率大；中间 5 年能耗曲线变缓，年均节能率减小；后 5 年能耗曲线变得更为平缓。而 2010—2025 年的 15 年里无疑钢铁工业的节能难度越来越大，吨钢能耗能否按照这一规律继续发展变化，完全取决于是否有新一轮节能理论、技术和管理手段支撑。

《2006 年—2020 年中国钢铁工业科学与技术发展指南》（以下简称《指南》）中分析了当前中国钢铁行业持续高速发展还面临不少的困难与问题，其中包括以下两方面内容。

（1）资源短缺将制约钢铁工业的高速增长。一方面是水和铁矿、煤为主的重要矿产资源、能源等资源供应难以适应钢铁生产迅速发展的要求。铁矿新增资源储量大幅下降，储量增长滞后于消耗速度，保有储量总体呈下降趋势。另一方面是钢铁科技的发展水平还不足以使单位资源和能源消耗大幅度降低到工业发达国家的先进水平。这一问题，使中国进入 21 世纪后，对国内外矿产资源和能源的依赖增加。

（2）环境容量限制钢铁行业规模扩张。钢铁生产流程正朝着清洁生产的方向迅速发展，这使得钢铁行业对环境的污染有了大幅度的降低，但仍难以实现产能成倍增长同时，满足国家要求钢铁行业排污总量不断下降的目标。因此，降低产生温室效应的 CO_2 等的排放量，是未来钢铁科技发展的重要目标。

工业和信息化部制定的《“十四五”工业绿色发展规划》，其中主要目标提到“到 2025 年，工业产业结构、生产方式绿色低碳转型取得显著成效，绿色低碳技术装备广泛应用，能源资源利用效率大幅提高，绿色制造水平全面提升，为 2030 年工业领域碳达峰奠定坚实基础。碳排放强度持续下降。单位工业增加值二氧化碳排放降低 18%，钢铁、有色金属、建材等重点行业碳排放总量控制取得阶段性成果”。在主要任务中也提到要加快生产方式数字化转型，要“加快人工智能、物联网、云计算、数字孪生、区块链等信息技术在绿色制造领域的应用，提高绿色转型发展效率和效益”。《关于推动钢铁工业高质量发展的指导意见(征求意见稿)》中也提到“推动数字产业与钢铁产业深度融合，开展钢铁行业智能制造行动计划，推进5G、工业互联网、人工智能、区块链、商用密码等技术在钢铁行业的应用，突破一批智能制造关键共性技术”。可见，推动钢铁企业生产制造过程的智能分析和精细化管理是行业发展必然趋势。

应对影响钢铁行业发展的问题，除了政府宏观政策导向和行业结构调整、企业制度改革外，最重要的就是从清洁生产和流程优化、推动循环经济、走新型“工业化发展道路”等方面，加强科技创新与进步，从根本上提高钢铁企业和全行业的市场竞争能力，使钢铁行业的发展符合人类可持续发展的要求。在冶金工业信息化基础架构的基础上，通过人工智能可以实现精准管理与控制，机器学习算法是智能制造的关键驱动力，《指南》中特别提到了冶金过程关键变量的高性能闭环控制技术，主要包括基于物理模型、统计分析、预测控制、专家系统、模糊逻辑、神经元网络、支持向量机（SVM）等技术。以过程稳定、提高技术经济指标为目标，在上述关键工艺参数在线连续监测基础上，建立综合模型，采用自适应智能控制机制，实现冶金过程关键变量的高性能闭环控制。《“十四五”原材料工业发展规划》中也提到要提高生产智能化水平，鼓励企业开发应用基于数据驱动、机理模型、经验模型、仿真模型的先进工艺控制系统，优化生产作业设备运行参数。针对国内高炉燃料比偏高、CO_2排放偏高等问题对生产过程参数进行研究，并提炼出燃料消耗、优质铁水生产和高炉高效运行之间的内在联系和作用规律，这对企业节能减排、降低生产成本和增加企业核心竞争力具有十分重要的研究价值。

1.1 高炉冶炼数学模型及智能化研究进展

计算机通过数学模型控制高炉操作，大致经历如下几个阶段。

（1）静态阶段。从20世纪50年代开始，随着计算机技术的诞生和发展，国外已开始借助计算机系统来建立高炉冶炼数学模型，其中包括苏联的拉姆配料计算模型、美国内陆钢铁公司的数学模型、法国钢铁研究院提出的RIST操作线模型等。这类数据模型是把高炉过程作为恒态来描述的，应用效果很不理想，但这类静态模型可以描述、模拟和分析高炉某一时期的平均状态，进行中长期控制。

（2）动态阶段。20世纪70年代中期，高炉数学模型开发取得了长足的发展，在大量解剖研究基础上，应用动态模型在线控制成为主流。借助于仪器仪表和传感器技术的引入，从高炉获得大量冶炼数据输入信号，主要应用动力学模型、控制模型或炉况判断模型，借助过程计算机对炉况进行数据存储、分析与决策。

（3）专家系统和人工智能阶段。从20世纪80年代中期开始，在数学模型基础上，高炉过程控制已经进入了专家系统和人工智能新阶段，它汇集了各方面专家的实际经验和理论研究成果，并融入了模式识别和人工神经网络对炉况状态、未来趋势做出预报，并给出最佳控制措施，指导高炉长对高炉冶炼过程进行控制。

1.1.1 国外研究进展

20世纪80年代中期，日本对高炉过程的人工智能研究居于世界先进水平，也先于其他国家率先开发了用于高炉控制的人工智能专家系统。自1986年日本钢管公司（NKK）在福山厂5号高炉上首先应用高炉专家系统以来，在接下来的几年里，日本各大钢铁公司和世界上其他产钢国家也相继开发和运行了各自的智能系统或专家系统。

1.1.1.1 BAISYS 系统

BAISYS 系统于1986年应用于日本钢管福山厂5号高炉上，主要功能为炉热监控、异常炉况预报和控制、炉顶布料控制等。该系统通过过程计算机将采集的高炉生产过程信息进行初步存储和处理，然后由智能计算机在知识库的基础上按照推理机进行推理，并给出得到的结果和采取的措施。该系统核心组件就是包含炉况信息和操作处理的知识库。该知识库具有700多条规则，每20min进行一次异常炉况预报，每2min进行一次炉热状态判断。异常炉况的预报准确率达85%以上，铁水温度在±15℃内的预报准确率约83%。

1.1.1.2 先进的 GO-STOP 系统

GO-STOP 系统于1987年和1990年分别应用于日本川崎水岛4号高炉和水岛3号高炉，主要功能为高炉炉况诊断、预测与控制，炉热及布料控制等。GO-STOP 系统通过收集和分析上百例炉况发生变化时的高炉数据，并通过压差、煤气分布、温度分布等8个参数来判断炉况，并根据不同炉况，采取 GO、STOP、BACK 等措施。GO-STOP 系统与操作者的判断结果一致率可达93.9%，应用该系统可以降低燃料消耗，使高炉运行更加平稳、顺行。后来该系统输出到德国蒂森、芬兰罗塔鲁基和中国宝钢等公司。

1.1.1.3 HYBRID 专家系统

HYBRID 专家系统是典型的数学模型和专家系统相结合的混合型专家系统，于1988年10月应用于日本住友金属公司鹿岛1号高炉上。其特点是将数学模型和专家规则相结合，对炉况和铁水温度进行预报和控制。当炉况正常时，调用一维动态数学模型 Ts 炉热指数预报模型操作高炉；当炉况异常时，依靠经验性专家系统操作高炉。专家系统知识库中有 1200 条规则，且有自学习功能，其铁水硅含量与铁水温度预测命中率达到 85%~90%。

1.1.1.4 SAFAIA 专家系统

SAFAIA 专家系统采用 C 语言编写，并于 1989 年应用于新日铁大分 2 号高炉上，主要功能包括炉况判断和控制、非稳定期操作指导、设备故障诊断和处理等。该系统主要特点是利用神经网络进行在线的软熔带类型、炉况诊断与趋势预报，具有丰富的规则知识库（知识库中规则多达 5850 条），且具有丰富的解释功能，异常炉况判断和处理每 5s 一次，正常炉况判断和处理每 30min 一次，预测命中率高达 98%。

1.1.1.5 ALIS 系统

新日铁公司采用 C 语言开发的智能管理系统，1989 年应用于君津 3 号高炉和 4 号高炉。ALIS 系统通过过程计算机从 3 号高炉和 4 号高炉采集生产过程数据，并通过数据通道传递给主机房的智能计算机进行知识管理。ALIS 具有两套推理机——在线推理机和离线推理机，通过离线推理机可以模拟和推理所有可能的操作条件，极大地丰富了专家系统的实际应用环境，该知识库具有 1030 条规则，离线模拟知识准确率达到 94%。

1.1.1.6 拉赫厂“高炉自动控制专家系统”

芬兰罗德洛基公司于 20 世纪 90 年代以后在引进日本 GO-STOP 模型基础上开发的高炉专家系统，其目标是保持炉体下部热平衡的稳定，防止高炉出现不稳定和不顺行的状态。专家系统具有 600 多条规则，通过 3 种判断周期检测异常，短周期：每隔 30s、5min、15min 判断一次高炉状态以检测系统的瞬间情况；中周期：检测 8h 炉况趋势；长周期：评估前一天炉况以供当天决策需要。该系统通过短、中、长周期跟踪工序状况参数，可提前预测故障并给出预防措施，从而保证了高炉稳定顺行，降低了高炉能耗。

1.1.1.7 奥钢联林茨厂高炉专家系统

1996 年奥地利奥钢联钢铁公司林茨厂对原有咨询式专家系统进行改造，并与奥钢联工程技术公司共同开发的“VAiron 软件包-专家系统”对原有系统升级为闭环式专家系统，综合运用了人工神经网络、模糊逻辑等多种方法建立规则，实现全自动化操作。专家系统具有可扩充的用户知识库，对生产过程加以解释，为工艺优化提供建议和措施，并详细描述如何获得所需结果，而无须操作人员介入。应用该系统以来，林茨公司高炉提高了生产率、减低了燃料消耗、优化了选料结构、提高了铁水质量。

此外，德国的蒂森克虏伯公司于1988年在其施尔根1号和2号高炉上开发了THYBAS高炉自动化系统；英国钢铁公司在1989年为Redar高炉开发了可预报崩料、悬料等异常炉况的专家系统；美国USX公司1990年在MonValley厂的Edgar Thomson高炉上开始应用专家系统以提高配料的一致性；1991年澳大利亚BHP公司为Newcastle厂3号高炉开发的以炉热平衡控制为主的专家系统，以指导高炉长日常操作；瑞典钢铁公司（SSAB）1992年采用Nexpert Object开发工具在律勒欧厂2号高炉上开发和应用了专家系统，该系统结合Oracle动态数据库，在对炉热水平和炉况状态的判断基础上为高炉长提供控制措施和建议；法国的索拉克公司于1996年在Fosl号和Dunkerque4号高炉上开发应用了SACHEM高炉专家系统，以对炉况进行检测和诊断，为操作者提供建议。

1.1.2 国内研究进展

多年来，国内也一直致力于高炉过程控制技术与智能专家系统的开发研究工作。

1.1.2.1 首钢

1989年5月首钢与北京科技大学开始着手进行人工智能高炉冶炼专家系统的合作开发，经过不断的完善和调试，20世纪90年代初在2号高炉（1726m^3）开始运行。该高炉冶炼专家系统应用模糊数学基本原理，并结合统计模型和机理模型构成知识库和推理机，判断高炉生产过程状态趋势，主要包括炉体状态判断、顺行状况判断和热状态判断3个子系统，通过一年时间的运行，炉墙结厚、炉墙烧穿预报命中率达98%以上，高炉异常炉况预测命中率达90%以上。

1.1.2.2 宝钢

1986年，宝钢在2号（4503m^3）高炉上引进日本的GO-STOP系统；1991年在借鉴引进经验基础上与复旦大学合作开发了高炉炉况监视和管理专家系统，并在1号高炉上（4603m^3）使用；1995年，宝钢在2号高炉上开发应用了高炉人工智能专家系统；1998年，宝钢与武汉科技大学合作在3号高炉上开发了高炉数学模拟系统；2010年，宝钢自主开发的智能控制专家系统开始运行，该系统主要包括七大功能模块，即炉温调节模块、气流控制模块、渣性能调整模块、出铁渣管理模块、特殊炉况处理模块、炉体炉缸长寿模块和热风炉控制模块。据统计，应用该专家系统以来，燃料消耗由488.9kg/t降至485.5kg/t，高炉悬料次数由月均3.2次降到0.5次，对高炉的稳定炉温、降低燃料消耗、减少炉况波动、提高铁水质量等方面起到了积极作用。

1.1.2.3 鞍钢

鞍钢于1993年5月在4号高炉（1000m^3）大修后安装了过程控制计算机和下位机μXL操作站，并增加了一台智能计算机运行专家系统，一台PC机离线运行自学习系统。该专家系统是以专家知识为指导的多个数学模型相结合的系统，主要包括基于炉内直接还原区热平衡和风口燃烧区热平衡计算的机理模型、神经网络模型、自适应模型等。该专家系统将炉热状态与趋势按等级分类，而后按各模型的特点及最佳适应范围来确定选用模型，进行含硅量预报。该系统于1994年开始调试运行，应用结果表明，生铁硅含量预报总的命中率达85%。鞍钢10号高炉（2580m^3）专家系统是1995年冶金部立项的重大课题，由北京科技大学、东北大学、鞍钢合作开发，经过6年的研究与开发，在专家知识、炉况诊断方面取得了较好的效果。

1.1.2.4 武钢

武钢1997年与芬兰Rautaruukki公司联合开发的高炉冶炼专家系统，在引入专家系统框架基础上，结合武钢自身冶炼环境和条件，知识库中新增加约200条经验规则，增加了炉缸热负荷控制、无钟布料模型，增加了上下部调节手段，使系统更加适合于武钢。该专家系统于1998年在4号高炉投入生产使用，主要功能包括炉温控制、炉型管理、顺行控制及炉缸中渣铁平衡管理。该专家系统正常运行后，在稳定炉况方面发挥了重要作用，并取得了显著的技术经济效益。

1.1.2.5 济钢

1998年8月，由济钢集团公司与浙江大学合作完成的炼铁优化专家系统在第一炼铁厂1号高炉上投入生产运行。高炉新增两台优化机与已有MODICON 984系统联网，一台优化机用于人机会话，调阅冶炼过程优化规律；另一台优化机用于炉温发展预测监控。该系统主要包括生产过程监控、炉温预测与控制、参数优化，以及生产统计、管理与决策优化等功能。成功应用该系统后，操作人员从传统的依赖于经验操作的模式转变为以数据分析和智能处理为主的精细化管理模式，取得年经济效益234万元，与同期2号高炉比较，仅计算入炉焦比其经济效益达316万元。

1.1.2.6 石钢

石家庄钢铁厂在1994年5月建立的计算机人工智能炉况预报系统应用于2号高炉取得成功，该系统是石钢和中科院化冶所计算机开放实验室联合研制开发的智能系统，主要功能包括高炉生产参数检测、炉况异常预测、生铁硅含量预报、高炉过程物料平衡和热平衡计算、高炉综合煤气分析在线检测等。硅含量预报每30min进行一次，高炉炉况异常预报有两种形式：近期预报和紧急预报，近期预报每半批料进行一次，异常紧急预报每20s进行一次。经在线统计表明，生铁硅含量预报命中率可达78%，预报高炉难行程度命中率可达85%，对于高炉操作起到了很好的促进作用，从而降低能耗和提高产品质量。

1.2 人工智能方法在高炉生产中的应用

现代钢铁冶金工业生产的大型化和复杂化，对过程控制水平提出了越来越高的要求。传统的优化控制技术依赖于建立过程的精确数学模型，但是这对于实际生产过程来说往往难度很大，特别是生产过程控制参数与生产目标之间的关系受到种种不可预测因素的制约，过程参数、状态变量和生产目标之间的关系是不明确的。冶金生产涉及高温、物料复杂、波动大、不确定影响因素多等复杂情况，难以从生产机理上确定过程模型，这些复杂性造成传统的依赖对象精确数学模型的控制方法难以取得令人满意的效果。而智能技术具有无须建立对象精确模型的优势，并且可以充分利用人类专家的经验知识，因此，利用智能过程控制模型研究适合钢铁冶金过程的控制技术既是必要的也是可行的。

1.2.1 人工神经网络

人工神经网络是一种通过模拟动物神经网络行为特征，并进行分布式并行信息处理的一种数学模型。人工神经网络是通过模拟大脑结构和模型建立起来的智能方法，蕴含大量的相互连接的神经元，根据外部输入输出数据，自适应地学习系统模型结构，实现系统建模。神经网络具有以下4个特点：

（1）具有并行结构，可以借鉴当前并行大规模计算优势实现高效的计算；

（2）具有强非线性逼近能力，神经网络利用神经元中的非线性激活函数逼近非线性系统；

（3）具有较强的容错功能，这是因为网络中的信息采用分布式进行存储；

（4）具有自适应学习的能力，仅需要根据训练数据自适应地调整连接权值。

人工神经网络技术在冶金领域的应用和发展为冶金工业提供了一个全新获取知识和处理数据的手段。

近年来，国内外许多研究学者尝试将神经网络进行改进，并与多种其他智能方法相结合，以期获得更好的应用效果。范志刚等人采用改进的神经网络进行高炉焦比的预测；周洋等人将聚类分析和神经网络模型结合起来进行高炉焦比的预测，结果表明该预测模型能够改善预测精度；韩宏亮等人应用遗传算法进行神经网络初始权重的优化，并在此基础上建立高炉焦比预报模型；陈鑫等人采用混沌粒子群算法优化 BP 神经网络的初始参数，进而建立综合焦比的预测模型；陈光等人使用了广义回归神经网络建立高炉炼铁工序能耗预测神经网络模型，并证明该预测方法具有很高的预测精度。印度 JSW 钢铁公司通过建立神经网络模型和敏感度分析，研究了包含成品球含量等 12 种因素对球团 RDI 指标的影响，并建立神经网络的 RDI 预测模型，以满足 COREX 和高炉冶炼要求。

成日金等人利用 BP 神经网络建立了以温度、CaO、SiO_2、MgO、Al_2O_3 和碱度为输入参数的高炉渣黏度预报模型，以期更好地模拟在各种不确定因素影响下因果变量之间的内在关系。杜洪缙等人采用改进的 BP 神经网络建立的高炉炉渣黏度预报模型，该模型在宝钢不锈钢厂 1 号和 2 号高炉的实际生产中应用，结果表明误差基本控制在 5%以内，命中率达到 90%以上。王泽斐采用改进 BP 神经网络对铁矿石熔滴性能建立预测模型，对 45 组样本数据进行训练，通过 5 组实际数据进行验证，实现了预测精度 99%以上。在高炉冶炼过程中，对炉温的控制是保证生产稳定进行的关键，由于高炉炼铁过程的高度复杂性和封闭性导致直接测量十分困难，通常以铁水硅（Si）含量反应高炉炉缸的物理温度，国内外很多学者利用人工神经网络相关技术建立了铁水硅含量预测模型，从而探索一条对企业实际生产过程提供有力操作指导的新途径。

1.2.2 支持向量机

统计学习理论产生于 20 世纪 70 年代，研究的是基于有限样本情况下的机器学习问题，因而与实际问题相一致，可以较好地解决实际的学习问题。支持向量机（SVM，Support Vector Machine）是 Vapnik 等人于 1995 年在统计学习理论的基础上首次提出的一种新的机器学习算法，是统计学习理论中最实用的部分。支持向量机是基于结构风险最小化原理（SRM）的方法，优于传统的基于经验风险最小化（ERM）的常规神经网络方法，SRM 使 VC 维数（泛化误差）的上限最小化，而 ERM 使相对于训练数据的误差最小化，这使得 SVM 具有更好的泛化能力。近年来，支持向量机越来越受到人们的广泛关注，在其理论研究和实际应用方面都取得了重大进展，成为机器学习领域的前沿热点课题。

针对高炉冶炼过程高度复杂，冶炼过程中经常出现炉温向热、向凉等阶段性变化，国内外很多学者利用支持向量机建立了炉温预报模型，用以优化生产过程。王义康、刘祥官采用 SVM 和数据挖掘结合起来进行铁水硅质量分数预测，实验证明具有较好命中率，该模型先采用模糊 C 均值聚类（FCM）对训练集进行聚类划分，然后对测试样本点分别预测后，按照隶属度加权求和得到最终预测值。Xia Xu 等人采用支持向量机构造高炉硅含量预测模型，为了获得更好的泛化性能，利用改进的粒子群算法优化 SVM 中的两个参数：惩罚因子 C 和高斯函数的中心宽度 σ^2，模拟结果说明该算法具有较好预测性能。崔桂梅等人提出将

K-means 聚类和支持向量机结合起来进行铁水温度预测，相比标准支持向量机模型，得到了更高的预测精度。

Abhijit Ghosh 和 Sujit K. Majumdar 采用支持向量机建立了高炉利用系数预测模型，该模型采用径向基函数作为核函数，包含了 21 个重要的输入参数和 1 个输出参数，通过实验获取最优生产参数组合以实现高炉较高利用系数。梁栋等人通过遗传算法优化最小二乘支持向量机，在对莱钢含铁炉料进行熔滴性能实验检测的基础上，建立熔滴性能指标优化预测模型，并以含铁料化学成分 TFe、CaO、SiO_2、MgO、Al_2O_3、FeO 作为模型输入，实现整体平均预测误差 2.11%，可指导生产配料及调整高炉操作。针对基于经验和机理的一氧化碳利用率计算方法存在的缺陷，安剑奇等人采用自适应粒子群算法优化 SVM 中的相关参数，研究了高炉一氧化碳利用率预测方法，以便于后续的高炉生产优化控制，实验说明该模型预测误差控制在 0.4%，具有较高的预测精度。

1.2.3 智能优化算法

1.2.3.1 粒子群优化算法

粒子群优化算法（PSO，Particle Swarm Optimization）是 Kennedy 和 Eberhart 于 1995 年受人工生命研究结果启发而提出的一种智能优化算法，凭借其通用性强、计算简单和全局优化等特点，在参数优化和数据挖掘等领域得到了广泛应用。该算法模拟鸟群觅食过程中的迁徙和群集行为，其基本思想为：每个优化问题的潜在解都是搜索空间中的一个粒子，粒子的好坏由一个事先设定的适应值函数来确定，通过个体间的信息传递引导整个种群向可能解的方向移动，在求解过程中逐步发现更好的极值点。在每次迭代过程中，粒子在运动过程中主要跟踪两个极值来调整自己的方向和位置：粒子自身最优历史记录和整个种群最优历史记录，分别称为个体最优值和全局最优值。

很多学者采用粒子群算法对高炉炼铁过程进行优化，以期获得更好的实际效果。Liu Li-mei 等人利用粒子群优化算法对 LS-SVM 中的参数和特征选择进行优化，并在此基础上对高炉的故障诊断提供多类别分类方法，仿真实验说明该方法提升了高炉故障诊断的速度，改善了分类精度，具有较好的泛化能力。魏津瑜等人针对 BP 神经网络算法存在的不足，利用带变异运算的 PSO 算法对神经网络的初始权值和域值进行优化，并在此基础上建立高炉煤气柜位的预测模型，为煤气管网的平衡调度提供了指导作用。李爱莲等人将粒子群算法引入到蚁群算法中，并采用粒子群蚁群算法优化 BP 神经网络模型，从而建立了基于智能优化算法的高炉铁液温度预测模型，实验表明该算法预测精度较常用方法提高 3%。唐振浩等人采用改进的 PSO 算法优化 LS-SVM 中的正则化参数 γ 和惩罚因子 C，结合使用相关性分析，建立高炉十字测温温度模型，现场实际数据实验表明该模型精度能够提高 3%。

1.2.3.2　人工免疫系统

人工免疫系统（AIS，Artificial Immune System）是模仿自然免疫系统功能的一种智能方法，它受生物免疫系统启发，通过学习外界物质的自然防御机制，提供噪声忍耐、无教师学习、自组织、记忆等进化学习机理，结合了神经网络和机器推理等系统的一些优点，因此具有提供新颖的解决问题方法的潜力。目前，人工免疫系统已发展成为计算智能研究的一个重要分支，所涉及的应用领域主要包括控制、优化、知识发现、机器人、图像处理、模式识别、故障诊断及计算机网络安全等。

针对 BP 神经网络易陷入局部极值等问题，王华强等人利用免疫遗传算法优化了 BP 网络结构，并将模型应用到高炉铁水硅含量预测中，提高了模型预测精度。徐雪松等人将免疫系统中的克隆选择机制与 Smith 预估控制结合起来，提出一种 Smith 免疫预测控制方法，并将该方法应用于高炉炉温控制，取得较好控制效果。杨佳等人借鉴了免疫系统的识别、记忆等机制，对 RBF 神经网络的高斯函数宽度和中心参数进行优化，在对高炉铁水硅含量预测实例中，命中率达到 90%。郑德玲等人借鉴了生物免疫细胞克隆选择及调节机理，提出了人工免疫遗传算法，并将其应用于高炉焦比的目标优化，取得较好效果。针对高炉料面红外图像特征难以准确提取的问题，安剑奇等人将免疫系统中的疫苗接种机制引入遗传算法，提出一种基于多源信息融合和免疫遗传算法的最大模糊熵分割方法，通过钢铁公司高炉炉顶拍摄的图像实验表明该方法能高效准确地提取高炉料面温度特征，及时发现高炉异常炉况。

1.2.3.3　遗传算法

遗传算法（GA，Genetic Algorithm）的概念是美国密执安大学 Holland 教授在 20 世纪 70 年代初期首次提出优化算法，并在 1975 年出版了第一本系统论述遗传算法的专著中提到的。遗传算法是模拟自然界生物进化进程与机制求解极值问题的一类自组织、自适应人工智能技术。遗传算法以随机产生的一群表现形式为字符串的候选解为开始，通过使用遗传算子（包括选择、复制、交叉和变异）对这些字符串进行组合，使这些候选解逐步朝着优化解的方向进化。这些遗传算子分别模拟自然选择和自然遗传过程中的繁殖、交配和基因突变现象。它能解决任何种类实际问题，具有广泛的应用价值。因此，遗传算法广泛应用于自动控制、计算科学、模式识别、工程设计、智能故障诊断、管理科学和社会科学等领域，适用于解决复杂的非线性和多维空间寻优问题。

有很多学者将遗传算法应用到高炉生产过程中，查烽炜等人将遗传算法与神经网络建模结合起来，对高炉煤粉喷吹系统进行优化，优化结果表明系统降耗效果显著，实现相对误差4.9%。为了更好地解决高炉参数预报问题，王宝祥等人利用遗传算法的全局搜索优势弥补神经网络缺陷，通过优化初始参数，建立了高炉铁水硫含量预报模型，通过150组实际生产数据的测试表明该模型具有一定的实际指导作用。张雷等人采用遗传算法优化图像匹配过程，研究了基于图像的高炉出铁口铁水流量检测方法，实现了铁水流量的在线检测，通过现场实验说明该方法能够满足生产需要。姚斌等人采用遗传算法与BP学习算法结合起来优化多层前馈神经网络连接权值，建立了铁水硅含量预报模型以此判断高炉内炉热状态，命中率达到92%。针对大多数高炉热风炉仍然采用人工经验调节空燃比的手段，李爱莲等人提出一种基于神经网络遗传算法寻求高炉热风炉最佳空燃比的方法，选取5个参数作为输入，输出变量为拱顶温度，将5个变量作为遗传算法种群并进行寻优操作，通过实验得到了最优空燃比。

1.3 混合智能建模

高炉冶炼的复杂性造成传统的建模方法往往无法适用，而智能建模方法在解决复杂性方面独具特色，但智能模型的预测精度、学习能力、模型复杂程度等方面在面对日益完善的过程优化控制，其建模方法有待进一步改进。No Free Lunch定理已经证明，没有一种方法对所有问题都是有效的，各种方法有其相应的优势，也有其相应的劣势。特别是对于一些不确定和非线性的复杂系统问题的求解，单一模式的优化方法的局限性难以获得最优解或满意解。

混合智能建模就是将两种或两种以上的智能建模方法按一定方式进行混合和集成，采用混合智能模型对过程进行描述时，能充分利用多种方法的优势，取长补短，能为复杂系统优化与控制提供有效的解决方案，是复杂工业过程模型化研究的发展方向。混合优化算法一般由以下三种混合方式组成。

（1）算子移植/内嵌法。该方法通过将算法A的优秀算子移植/内嵌到算法B中，从而弥补算法B的缺陷。

（2）双模切换法。该类方法根据不同算法各自的优点，通过切换当前所用算法种类来克服寻优过程中出现的误收敛、难收敛问题。

（3）共同求解法。两种或多种算法相结合对一个问题进行共同求解，集成各种算法的优势，其中一种方法作为算法的主框架，其他算法作为主框架中的必要组成部分，各种方法共同协作搜索。

冶金生产过程极其复杂，影响因素众多，冶金工作者难以凭借其反应机理来达到优化生产过程的目的。为进一步提升高炉预测模型的精度，拟采用多种智能计算方法相结合的集成建模方法，并将预测模型应用于企业实际生产环境，从而达到优化高炉生产系统的目的，并确立模拟的可靠性。

将多种建模方法有机结合，取长补短，克服单一建模方法本身存在的问题，将混合智能建模技术用于复杂过程建模往往比单一的智能建模方法更有效，通过相关研究探索新的智能计算方法，并将多种智能算法进行有机组合，从而建立更加有效的建模技术，最终将混合建模技术应用于复杂冶金生产过程，对高炉生产系统中重要指标进行分析与优化，以期实现高炉生产的稳定、顺行，达到节能、降耗的目的。主要研究内容如下。

（1）对使用的相关智能计算方法的基本理论进行了介绍，主要有支持向量机理论、粒子群优化算法、遗传算法、概念格理论等几个方面，为实现复杂冶金生产过程的混合建模提供理论支持。

（2）采用鱼骨分析方法收集所有可能对入炉焦比和铁水硅含量产生影响的因素，并采用相关系数作为度量特征子集好坏的参考依据。为了在保证分类能力不变的前提下用尽可能少的特征来完成分类，对数据挖掘工具——概念格进行了深入研究，介绍了一种基于概念格的多层参数约简算法，并编程实现算法，对影响入炉焦比和铁水硅含量的冗余参数进行约简，获得数据核心知识。

（3）虽然粒子群算法有很多优势，但仍然存在着容易陷入局部最优、早熟收敛的缺点，为了克服粒子群算法以上缺点、提升优化性能，将人工鱼群算法中的人工鱼视野引入到粒子群优化，进行智能算法混合建模，提出基于变邻域结构的粒子群优化算法（AFIV-PSO），通过不断增加粒子视野，动态改变每个粒子的邻域范围，将局部最优策略和全局最优策略有机结合，从而增进粒子之间的信息共享。为了验证算法性能，在6个经典测试函数上进行了比较分析。

（4）为了解决支持向量机中参数选择问题，将多种智能计算方法结合起来进行混合建模。采用 AFIV-PSO 算法和遗传算法（GA）等智能算法对支持向量机中的惩罚参数 C、不敏感损失系数 ε、核函数的参数 σ 等进行优化，并将优化后的预测模型应用于高炉入炉焦比和铁水硅含量预测。同时借助控制图分析铁水硅含量变化趋势，通过预测模型推导出各个参数对铁水硅含量的相关关系，从而为降低焦比和维持硅含量稳定性提出有利指导。为了验证预测模型的性能，将其与 PSO-SVM 预测模型和 Grid-SVM 预测模型进行了实验对比分析。

（5）在 PSO 的局部开发中加入黄金正弦操作，介绍一种黄金正弦粒子群优化算法（GSPSO），通过实验表明 GSPSO 的局部开发能力增强，搜索精度提高。输入参数选择从炼铁学和统计学分析，计算出输入参数与铁水硅含量的相关性系数，以此形成高质量的数据集，最后将基于 GSPSO 优化的随机森林模型用于铁水硅含量预测，与 SVM 和 GSPSO 优化的 SVM 进行对比。结果表明，GSPSO-RF 相比于 SVM 和 GSPSO-SVM 有更高的预测命中率和更小的平均绝对误差。

参 考 文 献

[1] 蔡九菊，孙文强．中国钢铁工业的系统节能和科学用能［J］．钢铁，2012，47（5）：1-8.

[2] 蔡九菊，赫冀成，陆钟武，等．过去 20 年及今后 5 年中我国钢铁工业节能与能耗剖析［J］．钢铁，2002，37（11）：68-73.

[3] 中国金属学会，中国钢铁工业协会．2006—2020 中国钢铁工业科学与技术发展指南［M］．北京：冶金工业出版社，2006.

[4] 刘玠．人工智能推动冶金工业变革［J］．钢铁，2020，55（6）：1-7.

[5] 王龙，冀秀梅，刘玠．人工智能在钢铁工业智能制造中的应用［J］．钢铁，2021，56（4）：1-8.

[6] 周传典．高炉炼铁生产技术手册［M］．北京：冶金工业出版社，2002.

[7] 叶冬柏．高炉数学模型和专家系统的研究［D］．沈阳：东北大学，2007.

[8] 毕学工．人工智能和专家系统在钢铁工业中的应用［J］．武汉钢铁学院报，1995，18（2）：146-155.

[9] 毕学工．高炉过程数学模型及计算机控制［M］．北京：冶金工业出版社，1996.

[10] 刘洪霖，包宏．化工冶金过程人工智能优化［M］．北京：冶金工业出版社，1999.

[11] 王茂华，汪保平，惠志刚．高炉专家系统综合开发与应用［J］．鞍钢技术，2005（1）：12-16.

[12] 刘祥官．高炉炼铁过程优化与智能控制系统［M］．北京：冶金工业出版社，2003.

[13] 奥钢联工程技术公司．VAiron 高炉优化软件包-专家系统［J］．钢铁，2000，35（8）：13-17.

[14] 张大尉．高炉炉况预报专家系统的研究［D］．合肥：合肥工业大学，2005.

[15] 刘彩云．首钢 2 号高炉冶炼专家系统的开发与应用［J］．炼铁，1995，14（6）：31-34.

[16] 陈贺林，陶卫忠．宝钢高炉智能控制专家系统的研发［J］．宝钢技术，2012（4）：60-64.

[17] 安云沛，车玉满，刘方，等．鞍钢 4 号高炉热状态专家系统的开发与应用［J］．炼铁，1997（8）：6-11.

[18] 杨章远，包宏，张合珍，等．石钢 2 号高炉人工智能监控系统［J］．炼铁，1995，14（5）：45-46.

[19] 孟世民．石钢 $300m^3$ 高炉计算机人工智能炉况预报系统简介［J］．河北冶金，1995（3）：55-56.

[20] 龙红明．冶金过程数学模型与人工智能应用［M］．北京：冶金工业出版社，2010.

[21] 阎平凡，张长永．人工神经网络与模拟进化计算［M］．北京：清华大学出版社，2005.

[22] 韩敏．基于微粒群的神经网络预测控制理论及其应用［M］．北京：中国水利水电出版社，2013.

[23] 范志刚，邱贵宝，贾娟预，等．基于 BP 神经网络的高炉焦比预测方法［J］．重庆大学学报，2002，25（6）：85-87.

[24] 周洋，余文武，董相娟，等．基于聚类分析和神经网络的高炉焦比预测模型［J］．辽宁

科技大学学报，2010，33（3）：245-247.

[25] 韩宏亮，阎小林. 人工神经网络与遗传算法在高炉焦比预报中的应用［J］. 河北理工学院学报，2006，28（2）：23-27.

[26] 陈鑫，翁卫卫，吴敏，等. 混沌粒子群算法的烧结碳耗 BP 神经网络模型［J］. 计算机与应用化学，2013，30（10）：1223-1226.

[27] 陈光，刘文涛. 广义回归神经网络在高炉炼铁能耗预测中的应用［J］. 冶金能源，2013，32（4）：15-18.

[28] Umadevi T，Kumar P，Gupta P K，et al. Prediction of reduction degradation index of iron ore pellets using artificial neural network model［J］. World Iron & Steel，2010（3）：7-17.

[29] 成日金，倪红卫，李先旺，等. 基于 BP 神经网络的高炉熔渣黏度预测［J］. 武汉科技大学学报，2012，35（6）：411-414.

[30] 杜洪缙，储滨，傅元坤，等. 基于人工神经网络的高炉渣黏度预报模型［J］. 安徽工业大学学报（自然科学版），2013，30（3）：322-327.

[31] 王泽斐. 铁矿石高温熔滴性能自动检测开发及其预测研究［D］. 包头：内蒙古科技大学，2011.

[32] 秦民生，杨天钧. 炼铁过程的解析与模拟［M］. 北京：冶金工业出版社，1991.

[33] 王华强，顾金晨. 高炉铁水硅含量的智能预测［J］. 合肥工业大学学报（自然科学版），2008，31（1）：73-76.

[34] 于卓颖，郑涛. 基于神经网络的高炉铁水硅和硫含量预报模型［J］. 河北冶金，2015（3）：38-41.

[35] 范刚龙，智西湖. 神经网络模型预报炉温的研究［J］. 武汉理工大学学报，2008，30（8）：60-62，125.

[36] 张勇，李静，崔桂梅. 小波神经网络在高炉铁水温度预测中的建模研究［J］. 计算机与应用化学，2013，30（10）：1173-1176.

[37] Radhakrishnan V R，Mohamed A R. Neural networks for the identification and control of blast furnace hot metal quality［J］. Journal of Process Control，2000，10（6）：509-524.

[38] Chen Jian. A predictive system for blast furnaces by integrating a neural network with qualitative analysis［J］. Engineering Applications of Artificial Intelligence，2001，14（1）：77-85.

[39] Vapnik V N. The nature of satistical learning theory［M］. New York：New York Springer Verlag，1995.

[40] Vapnik V N. An overview of statistical learning theory［J］. IEEE Transactions on Neural Networks，1999，10（5）：988-999.

[41] Cortes C，Vapnik V. Support-vector networks［J］. Machine Learning，1995，20（3）：273-297.

[42] 王义康，刘祥官. 基于 FCM 的多支持向量机模型在高炉炉温预测中的应用［J］. 冶金自动化，2012，36（3）：18-23.

[43] Xia Xu，Changchun Hua，Yinggan Tang，et al. Modeling of the hot metal silicon content in blast furnace using support vector machine optimized by an improved particle swarm optimizer

[J] . Neural Computing and Applications, 2016, 27 (6): 1-11.

[44] 崔桂梅，孙彤，张勇．支持向量机在高炉铁水温度预测中的应用［J］. 控制工程，2013，20（5）：809-812.

[45] Abhijit Ghosh, Sujit K. Majumdar, Modeling blast furnace productivity using support vector machines [J]. Int J Adv Manuf Technol, 2011, 52 (9-12): 989-1003.

[46] 梁栋，石红燕，周小辉，等．高炉含铁炉料熔滴性能智能优化预测模型［J］. 钢铁研究学报，2013，25（4）：25-28，32.

[47] 安剑奇，陈易斐，吴敏．基于改进支持向量机的高炉一氧化碳利用率预测方法［J］. 化工学报，2015，66（1）：206-214.

[48] Kennedy J, Eberhartr C. Particle swarm optimization [C]. Proc of IEEE Int Conf on Neural Networks. Perth: IEEE Piscataway, 1995: 1942-1948.

[49] Liu Li-mei, Wang An-na, Sha Mo, et al. Multi-class classification methods of cost-conscious LS-SVM for fault diagnosis of blast furnace [J]. Journal of Iron and Steel Research, International, 2011, 18 (10): 17-23, 33.

[50] 魏津瑜，张玮，李欣．基于 PSO-BP 神经网络的高炉煤气柜位预测模型及应用［J］. 中南大学学报（自然科学版），2013，44（1）：266-270.

[51] 李爱莲，赵永明，崔桂梅．基于数据预处理与智能优化的高炉铁液温度预测模型的研究［J］．铸造技术，2015，36（2）：450-454.

[52] 唐振浩，唐立新，杨阳．基于数据驱动和智能优化的高炉十字测温温度预报［J］．信息与控制，2014，43（3）：355-360.

[53] Hoffmann G W. Neural network model based on the analogy with the immune system [J]. Theory Biology, 1986, 122 (1): 33-67.

[54] 张雷，范波．计算智能理论与方法［M］. 北京：科学出版社，2013.

[55] 王华强，胡平，李海波．IGA-BP 网络模型在高炉铁水硅含量预测中的应用［J］. 合肥工业大学学报（自然科学版），2007，30（4）：413-415，427.

[56] 徐雪松，欧阳峣．钢铁炉温不确定时滞系统 Smith 免疫预测控制［J］. 计算机应用，2012，32（10）：2956-2959.

[57] 杨佳，许强，曹长修．人工免疫的神经网络预报方法及其应用［J］. 重庆大学学报，2008，31（12）：1391-1394.

[58] 郑德玲，梁瑞鑫，付冬梅，等．人工免疫系统及人工免疫遗传算法在优化中的应用[J]. 北京科技大学学报，2003，25（3）：284-287.

[59] 安剑奇，吴敏，何勇，等．基于信息融合的高炉料面红外图像分割方法［J］. 中南大学学报（自然科学版），2011，42（2）：391-397.

[60] Holland John H. Adaptation in natural and artificial systems: an introductory analysis with applications to biology, control, and artificial intelligence [M]. Oxford, England: U Michigan Press, 1975.

[61] Holland J. 遗传算法的基本理论与应用［M］. 北京：科学出版社，2003.

[62] 张文修，梁怡．遗传算法的数学基础［M］. 西安：西安交通大学出版社，2000.

[63] 葛继科，邱玉辉，吴春明，等．遗传算法研究综述［J］．计算机应用研究，2008，25（10）：2911-2916.

[64] 查烽炜，刘琪．基于神经网络和遗传算法的高炉喷煤操作参数优化［J］．自动化技术与应用，2006，25（10）：11-13.

[65] 王宝祥，陈伟，闫小林，等．应用人工神经网络和遗传算法预测高炉铁水硫含量［J］．河北冶金，2007（3）：37-40.

[66] 张雷，呼家龙，钱亚平．基于图像的高炉出铁口铁水流量检测［J］．钢铁研究学报，2009，21（2）：59-62.

[67] 姚斌，杨天钧．铁水硅预报神经网络专家系统的遗传优化生成［J］．钢铁，2000，35（4）：13-16.

[68] 李爱莲，孙天涵，詹万鹏．基于神经网络遗传算法高炉热风炉空燃比寻优［J］．自动化与仪表，2015（2）：9-12，37.

[69] Wolpert D H，Macready W G. No free lunch theorems for optimization［J］. IEEE Transactions on Evolutionary Computation，1997，1（1）：67-82.

[70] 刘朝华．混合免疫智能算法理论及应用［M］．北京：电子工业出版社，2014.

2　智能计算方法

随着各个领域生产技术的不断进步，在工程实践中遇到的问题变得越来越复杂，而传统的依赖精确数学模型的计算方法在解决这些问题时，面临着计算复杂度高、运算时间长、求解精度不高等问题，难以取得令人满意的结果。智能计算方法是随着计算机技术发展和人们对自然界的深入理解而发展起来的一种仿生计算方法，它强调对人类和其他生物智能行为的模仿。计算智能因其智能性、并行性和健壮性，具有很好的自适应性和全局搜索能力，得到了众多国内外学者的广泛关注，在科学研究和工程实践中发挥着重要的作用。

2.1　支持向量机

支持向量机（SVM，Support Vector Machine）是由 Vladimir Naumovich Vapnik 等学者于 1992 年提出的一类新的机器学习方法，该方法以统计学习理论为理论体系，采用结构风险最小化原则，将输入向量隐性地映射到高维特征空间中，然后在高维特征空间中通过最大化间隔的方式构造最优分类超平面，其原理不同于传统的模式识别方法。为了后面建立基于支持向量机预测模型的需要，本节对支持向量机的基本理论、算法机理及核函数和参数寻优进行必要的阐述和铺垫。

2.1.1　统计学习理论

2.1.1.1　机器学习

机器学习的目的是根据给定的训练样本求出对某系统输入、输出之间的依赖关系，使其对未知的输出做出尽可能准确的预测。对样本学习的一般模型用三部分来表示，如图 2.1 所示。

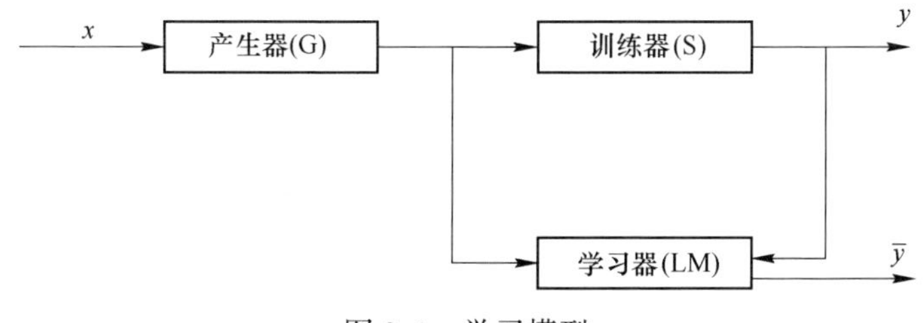

图 2.1　学习模型

其中，产生器（G）能够从固定但未知的概率分布函数 $F(x)$ 中独立抽取随机向量 $\boldsymbol{x} \in R^n$。对于每个输入向量 $\boldsymbol{x}$，训练器（S）能够根据同样固定但未知的条件分布函数 $F(y|x)$ 返回一个输出值 y。根据联合分布 $F(x, y) = F(x)F(y|x)$ 选取 n 组独立同分布的观测数据构成训练数据集，即 (x_1, y_1)，(x_2, y_2)，…，(x_n, y_n)。学习器（LM）能够实现一定的函数集合 $\{f(x, w)\}$，$w \in \Lambda$，其中，Λ 是参数集合。机器学习问题就是根据 n 组观测样本，在函数集合 $\{f(x, w)\}$ 中寻求一个最优的函数 $f(x, w_0)$，该函数能使得如下的期望风险最小。

$$R(w) = \int L[y, f(x, w)]\mathrm{d}F(x, y) \tag{2.1}$$

式中，$L[y, f(x, w)]$ 为在给定输入 x 下训练器响应 y 与学习器给出响应 $f(x, w)$ 之间的损失。

不同的机器学习问题具有不同类型的损失函数，机器学习的主要问题有模式识别、函数逼近和概率密度估计三类，而对于高炉铁水质量和入炉焦比的预测分析属于典型的函数逼近问题。在这类问题中，y 是连续变量，采用最小平方误差准则，损失函数可以定义为（这里假设 y 为单值函数）：

$$L[y, f(x, w)] = [y - f(x, w)]^2 \tag{2.2}$$

2.1.1.2　经验风险最小化

机器学习的目的在于尽可能得到对未知数据的准确估计，也就是使期望风险最小化。但是在实际操作中可以利用的信息只有样本数据，因此式（2.1）中的期望风险无法计算。传统学习方法采用学习器在已知样本数据上的响应误差来近似代替期望风险，即用经验风险作为对式（2.1）的估计，这种方式被称为经验风险最小化（ERM，Empirical Risk Minimization）准则，见式（2.3）：

$$R_{\mathrm{emp}}(w) = \frac{1}{n}\sum_{i=1}^{n} L[y_i, f(x_i, w)] \tag{2.3}$$

将式（2.2）定义的损失函数代入式（2.3），则最小化的经验风险变为：

$$R_{\mathrm{emp}}(w) = \frac{1}{n}\sum_{i=1}^{n} [y_i - f(x_i, w)]^2 \tag{2.4}$$

因为没有其他方法来更合适地估计期望风险，在很长一段时间的机器学习方法研究中 ERM 准则占据了主要地位。但 ERM 准则代替期望风险最小化并没有经过充分的理论证明，只是直观上认为是合理的做法。在有限样本的情况下，经验风险最小也有可能导致期望风险变大，使得学习器推广能力下降，例如神经网络出现的“过拟合”现象。

2.1.1.3　VC 维和推广性的界

统计学系理论的一个核心概念是 VC 维（Vapnik-Chervonenkis Dimension），

它主要用来描述有关函数集的学习性能，其直观定义是：对一个指示函数集，如果存在 h 个样本能够被函数集中的函数按所有可能的 2^h 种形式分开，则称函数集能够把 h 个样本打散，函数集的 VC 维就是它能够打散的最大样本数目 h。VC 维反映了函数集的学习能力，VC 维越大，学习机器越复杂，学习能力越强。

推广性的界理论系统地研究了各种类型函数集的经验风险和实际风险之间的关系，得出的结论是：对于二分类问题，对指示函数集中的所有函数 $\{f(x, w)\}$，经验风险 $R_{emp}(w)$ 和实际风险 $R(w)$ 之间以至少（$1-\eta$）的概率满足如下关系：

$$R(w) \leqslant R_{emp}(w) + \sqrt{\frac{h\left[\ln\left(\frac{2n}{h}\right)+1\right]-\ln\left(\frac{\eta}{4}\right)}{n}} \tag{2.5}$$

式中 h——函数集的 VC 维；

n——样本数。

这一结论从理论上说明了学习机器的实际风险由两部分组成：一项是经验风险（训练误差）；另一项是置信范围，和学习机器的 VC 维及训练样本数有关。式（2.5）可以简化为：

$$R(w) \leqslant R_{emp}(w) + \Phi(h/n) \tag{2.6}$$

式（2.6）表明，在有限的训练样本下，学习机器的 VC 维越高，置信范围越大，这导致实际风险与经验风险之间可能的差别也就越大，这就是出现过拟合现象的原因。因此，要想获得理想的实际风险，除了要使经验风险最小外，还应该使 VC 维尽可能地小以缩小置信范围，从而对未知样本有较好的推广性，这是机器学习的最终目的。

2.1.1.4 结构风险最小化

经验风险和置信区间两项之和称为结构风险，其中，置信区间是对期望风险和经验风险之差的一个估计。从式（2.5）容易看出，置信区间是训练样本数量 n 的递减函数，当 $n \to \infty$ 时置信区间趋向于 0，也就是当训练样本数据很多时置信区间的值很小，可以用经验风险取代期望风险，但当训练样本很少时，则必须考虑置信区间的作用。显然，当函数集合 $\{f(x, w)\}$ 增大时，候选函数增多，经验风险会减少。然而另一方面，当函数集合 $\{f(x, w)\}$ 增大时，它的 VC 维 h 也会增大，置信区间是 h 的递增函数。所以要使结构风险达到最小，应该兼顾函数集合对经验风险和置信区间两方面的影响，选择一个适当大小的函数集合，这种在学习过程中综合考虑经验风险和置信风险的准则，称为结构风险最小化准则（SRM，Structural Risk Minimization），如图 2.2 所示，图中 s_1、s_2、s_3 为函数集子集，且满足 $s_1 < s_2 < s_3$，h_1、h_2、h_3 为三个函数集对应的 VC 维，且满足 $h_1 \leqslant h_2 \leqslant h_3$。

结构风险最小化准则的本质是寻找一个适当大小的函数候选集，然后用经验风险最小化准则在该候选集中选出决策函数。

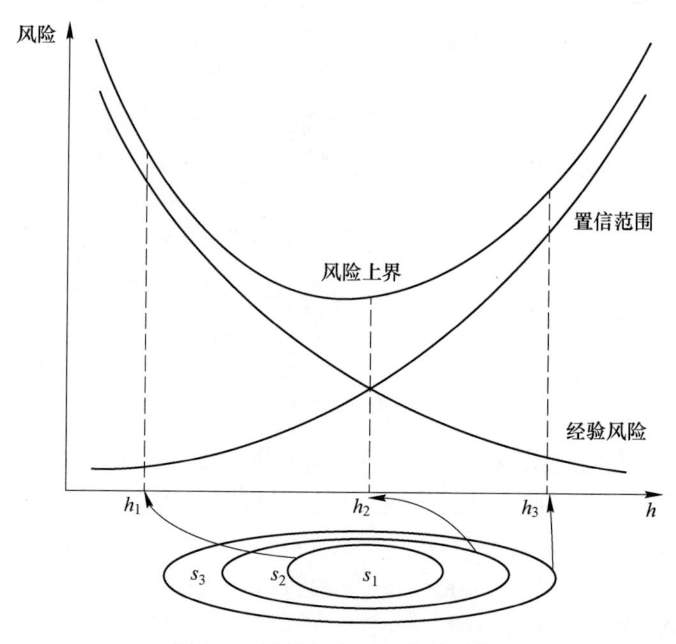

图 2.2　结构风险最小化示意图

2.1.2　支持向量机原理

2.1.2.1　硬间隔支持向量机

线性可分问题就是训练样本点能够通过构造一个最优超平面将其完全正确分开的问题，最优超平面意味着要求分类面不但能将两类正确分开，而且使分类间隔最大，具体思想可用图 2.3 所示的二维平面加以说明。

设有线性可分的两类样本：$\{(x_i, y_i), i=1, 2, \cdots, l\}$，$x_i \in R^n$，$y \in \{-1, +1\}$，可用超平面 $w \cdot x + b = 0$ 分开。对于线性可分的样本集，分类超平面的标准形式可类推为：

$$y_i[(w \cdot x_i) + b] \geqslant 1, \ i=1, 2, \cdots, l \tag{2.7}$$

对于离超平面最近的样本点 (x_i, y_i)，式（2.7）取等号，其他样本点式（2.7）取大于号。在图 2.3 中，圆形点和五星点分别代表两类样本，H 为最优分类线，H_1、H_2 分别为过两类中离分类线最近的样本且平行于分类线的直线，它们之间的距离就是分类间隔。此时分类间隔等于 $2/\|w\|$，使间隔最大等价于使 $\|w\|/2$ 最小，能够使所有训练样本正确可分，同时使 $\|w\|/2$ 最小的分类面就是最

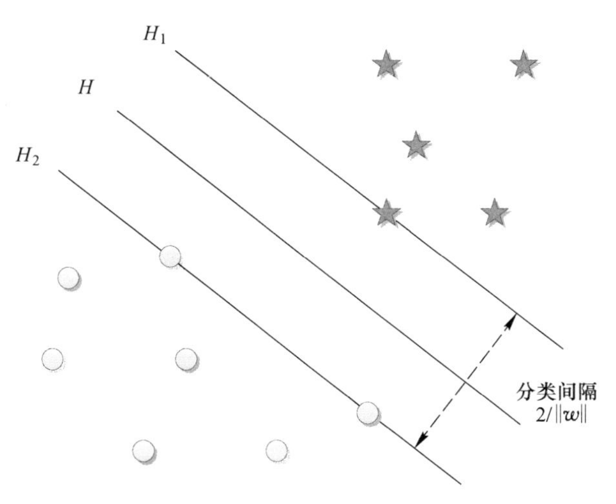

图 2.3 最优分类超平面

优分类面，位于 H_1、H_2 上的训练样本点称作支持向量。

另外，根据统计学习理论可知，可以通过最小化 $\|w\|$ 来减少一个规范超平面构成的指示函数集的 VC 维，从而实现 SRM 准则中的函数复杂性的选择，固定经验风险，最小化期望风险就转化为最小化 $\|w\|$，这就是 SVM 方法的出发点。

为了寻求最优分类超平面，需要求解下面的二次规划问题，即

$$\begin{cases} \min \quad \boldsymbol{\Phi}(w) = \dfrac{1}{2}(w \cdot w) \\ \text{s. t.} \quad y_i[(w \cdot x_i) + b] \geqslant 1, \ i = 1, 2, \cdots, l \end{cases} \tag{2.8}$$

为了得到式（2.8）的最优解，引入 Lagrange 函数：

$$L(w, b, \boldsymbol{\alpha}) = \frac{1}{2}(w \cdot w) - \sum_{i=1}^{l} \alpha_i \{ y_i[(w \cdot x_i) + b] - 1 \} \tag{2.9}$$

式中，$\boldsymbol{\alpha} = (\alpha_1, \cdots, \alpha_l)^{\mathrm{T}}$ 为 Lagrange 乘数。

式（2.9）在鞍点处 w 和 b 的梯度为 0，有：

$$\frac{\partial L}{\partial w} = w - \sum_{i=1}^{l} \alpha_i y_i x_i = 0 \Rightarrow w = \sum_{i=1}^{l} \alpha_i y_i x_i \tag{2.10}$$

$$\frac{\partial L}{\partial b} = \sum_{i=1}^{l} \alpha_i y_i = 0 \Rightarrow \sum_{i=1}^{l} \alpha_i y_i = 0 \tag{2.11}$$

将式（2.10）和式（2.11）代入到式（2.8）中，将求解最优分类面问题转化为求解其对偶问题，有：

$$\begin{cases} \max \quad w(\alpha) = \sum_{i=1}^{l} \alpha_i - \frac{1}{2}\sum_{i=1}^{l}\sum_{j=1}^{l} \alpha_i \alpha_j y_i y_j (x_i \cdot x_j) \\ \text{s. t.} \quad \sum_{i=1}^{l} \alpha_i y_i = 0,\ \alpha_i \geqslant 0,\ i = 1,\ 2,\ \cdots,\ l \end{cases} \tag{2.12}$$

这是一个凸二次规划问题，存在唯一解，同时根据 KKT 定理，最优解还应该满足：

$$\alpha_i [y_i(w \cdot x_i + b) - 1] = 0,\ i = 1,\ 2,\ \cdots,\ l \tag{2.13}$$

可以看出，只有支持向量的系数 α_i 不为零，所以 w 可以表示成：

$$w = \sum_{\text{支持向量}} \alpha_i y_i x_i \tag{2.14}$$

由此，得到的最优分类函数是：

$$f(x) = \mathrm{sgn}[(w \cdot x) + b] = \mathrm{sgn}[\sum_{\text{支持向量}} \alpha_i y_i (x_i \cdot x) + b] \tag{2.15}$$

式中，b 可通过选择不为零的 α_i 代入式（2.13）解出。

2.1.2.2　软间隔支持向量机

前面假设所有的样本点都可以通过一个超平面完全正确的划分，也就是说对于线性可分问题，可以“硬性”地构造了一个分类超平面实现正确划分。但在实际应用中，往往样本训练集是线性不可分的，仍然使用硬间隔支持向量机是行不通的。此时，可以在约束条件中增加一个松弛项 $\xi \geqslant 0$，将约束条件“软化”为：

$$y_i[(w \cdot x_i) + b] \geqslant 1 - \xi_i,\ \xi_i \geqslant 0,\ i = 1,\ 2,\ \cdots,\ l \tag{2.16}$$

此时，目标函数变为：

$$\Phi(w,\ \xi) = \frac{1}{2}(w \cdot w) + C\sum_{i=1}^{l} \xi_i \tag{2.17}$$

式中，$C>0$ 是一个惩罚参数。

式（2.17）中的第一项体现了最大化分类间隔（$\|w\|^2$），第二项体现了最小化对约束式（2.16）的破坏程度（最小化 $\sum_{i=1}^{l} \xi_i$），而参数 C 体现了对错误的惩罚程度，C 越大惩罚越重。

引进 Lagrange 函数：

$$L(w, b, \boldsymbol{\alpha}, \boldsymbol{\beta}) = \frac{1}{2}\|w\|^2 + C\sum_{i=1}^{l} \xi_i - \sum_{i=1}^{l} \alpha_i \{y_i[(w \cdot x_i) + b] - 1 + \xi_i\} - \sum_{i=1}^{l} \beta_i \xi_i \tag{2.18}$$

式中，$\boldsymbol{\alpha} = (\alpha_1,\ \cdots,\ \alpha_l)^T$ 和 $\boldsymbol{\beta} = (\beta_1,\ \cdots,\ \beta_l)^T$ 均为 Lagrange 乘数。

构造最优超平面的问题转化为下面的对偶二次规划问题：

$$\begin{cases} \max \quad w(\alpha) = \sum_{i=1}^{l} \alpha_i - \frac{1}{2}\sum_{i=1}^{l}\sum_{j=1}^{l} \alpha_i\alpha_j y_i y_j (x_i \cdot x_j) \\ \text{s.t.} \quad \sum_{i=1}^{l} \alpha_i y_i = 0,\ 0 \leqslant \alpha_i \leqslant C,\ i = 1,\ 2,\ \cdots,\ l \end{cases} \tag{2.19}$$

与硬间隔支持向量机求解过程相同，可得到原始问题［见式（2.16）和式（2.17）］的最优决策函数。

2.1.2.3 非线性支持向量机

在实际工程应用中遇到更多的是非线性可分问题，对于这类问题，可以通过非线性变换转化为某个高维空间中的线性可分问题，然后在变换空间求最优分类面，如图 2.4 所示。注意到上面原问题的对偶问题只涉及训练样本之间的内积运算：

$$(x_i \cdot x_j),\ i,\ j = 1,\ \cdots,\ l \tag{2.20}$$

即在高维空间中只需进行内积运算，而这种内积运算可以通过原空间中的函数来实现，甚至没有必要知道变换的形式。这里采用满足 Mercer 条件的对称核函数 $K(x_i \cdot x_j)$ 代替线性可分情况下的内积 $(x_i \cdot x_j)$，以便对应某一变换空间的内积，从而可以实现最优分类面经过非线性变换后的分类。

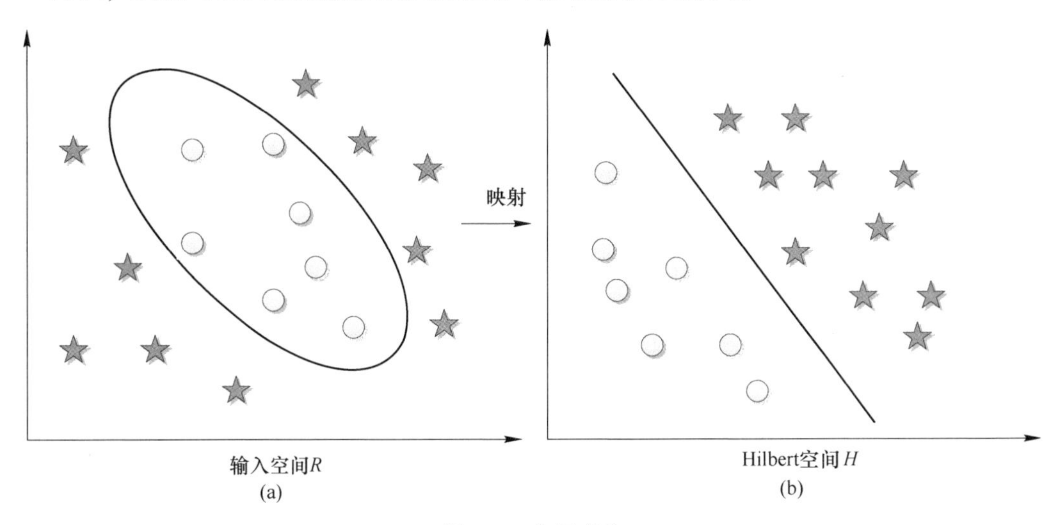

图 2.4 空间变换

首先，引进从空间 R^n 到 Hilbert 空间 H 的变换 $x = \Phi(x)$，将输入向量映射到高维空间 H 中：

$$\Phi:\ R^n \rightarrow H$$
$$x \rightarrow x = \Phi(x) \tag{2.21}$$

变换后的“软间隔”非线性支持向量机就变成了下面的最优化问题：

$$\begin{cases} \min \quad \Phi(w, \xi) = \frac{1}{2}(w \cdot w) + C\sum_{i=1}^{l} \xi_i \\ \text{s.t.} \quad y_i\{[w \cdot \Phi(x_i)] + b\} \geq 1 - \xi_i, \ \xi_i \geq 0, \ i = 1, 2, \cdots, l \end{cases} \tag{2.22}$$

其对偶问题为：

$$\begin{cases} \max \quad w(\alpha) = \sum_{i=1}^{l} \alpha_i - \frac{1}{2}\sum_{i=1}^{l}\sum_{j=1}^{l} \alpha_i\alpha_j y_i y_j K(x_i \cdot x_j) \\ \text{s.t.} \quad \sum_{i=1}^{l} \alpha_i y_i = 0, \ 0 \leq \alpha_i \leq C, \ i = 1, 2, \cdots, l \end{cases} \tag{2.23}$$

2.1.2.4 支持向量机回归

如果将支持向量机的分类问题扩展到回归问题，就变成了支持向量机回归（SVMR，Support Vector Machines Regression），回归问题的决策函数预测值并不是0或1，而是实数值。观测值y与函数预测值$f(x)$之间的误差用ε-不敏感损失函数来度量：

$$|y_i - f(x_i)|_\varepsilon = \max\{0, |y_i - f(x_i)| - \varepsilon\} \tag{2.24}$$

ε-不敏感损失函数的含义为：当x点的观测值y与预测值$f(x)$之差不超过事先给定的ε时，则认为在该点的预测值$f(x)$是无损失的，尽管预测值和观测值可能会不同。回归问题就是寻找一个函数$f(x)$拟合训练数据，使所有训练点处的损失之和尽可能小。

支持向量机回归分为线性回归和非线性回归两种，对于线性回归情况，在给定精度$\varepsilon \geq 0$前提下，在约束条件中引入松弛项$\xi_i \geq 0$，$\xi_i^* \geq 0$和惩罚参数C，便得到了作为线性ε-支持向量回归机的原始问题的凸二次规划：

$$\begin{cases} \min\limits_{w, b, \xi, \xi^*} \quad \frac{1}{2}(w \cdot w) + C\sum_{i=1}^{l}(\xi_i + \xi_i^*) \\ \text{s.t.} \quad [(w \cdot x_i) + b] - y_i \leq \varepsilon + \xi_i, \ i = 1, \cdots, l \\ y_i - [(w \cdot x_i) + b] \leq \varepsilon + \xi_i^*, \ i = 1, \cdots, l \\ \xi_i, \ \xi_i^* \geq 0, \ i = 1, \cdots, l \end{cases} \tag{2.25}$$

目标函数中的第一项表示函数$f(x)$的复杂性，使模型具有更好的推广性能，后一项表示训练集上的平均损失，惩罚参数C则体现了在二者之间的折中关系。引入Lagrange函数：

$$L(w,b,\xi,\xi^*,\alpha,\alpha^*,\eta,\eta^*) = \frac{1}{2}\|w\|^2 + C\sum_{i=1}^{l}(\xi_i + \xi_i^*) - \sum_{i=1}^{l}(\eta_i\xi_i + \eta_i^*\xi_i^*)$$

$$
\begin{aligned}
& - \sum_{i=1}^{l} \alpha_i [\varepsilon + \xi_i + y_i - (w \cdot x_i) - b] \\
& - \sum_{i=1}^{l} \alpha_i^* [\varepsilon + \xi_i^* - y_i + (w \cdot x_i) + b]
\end{aligned}
\tag{2.26}
$$

式中，α、α^*、η、η^* 为 Lagrange 乘数。

式（2.26）的对偶形式为：

$$
\begin{cases}
\max\limits_{\alpha,\ \alpha^*} & \sum\limits_{i=1}^{l} [\alpha_i^*(y_i - \varepsilon) - \alpha_i(y_i + \varepsilon)] \\
& - \dfrac{1}{2} \sum\limits_{i=1}^{l} \sum\limits_{j=1}^{l} (\alpha_i - \alpha_i^*)(\alpha_j - \alpha_i^*)(x_i,\ x_j) \\
\text{s.t.} & \sum\limits_{j=1}^{l} (\alpha_i - \alpha_i^*) = 0,\ \alpha_i \geqslant 0,\ \alpha_i^* \leqslant \dfrac{C}{l},\ i = 1,\ \cdots,\ l
\end{cases}
\tag{2.27}
$$

求解式（2.27）可得最优回归决策函数为：

$$
y = f(x) = \sum_{j=1}^{l} (\alpha_i - \alpha_i^*)(x_i \cdot x) + b \tag{2.28}
$$

式中，$(\alpha_i - \alpha_i^*)$ 不为零所对应的样本数据为支持向量。

对于非线性支持向量机回归问题，只需通过一个非线性映射 Φ 将数据 x 映射到高维空间，映射方式同式（2.21），并在这个空间中进行线性回归即可，具体是通过核函数 $K(x_i \cdot x_j) = \Phi(x_i) \cdot \Phi(x_j)$ 来实现。这样就避免了在高维空间中进行的复杂点积运算，最终得到的非线性回归函数为：

$$
y = f(x) = \sum_{j=1}^{l} (\alpha_i - \alpha_i^*) K(x_i \cdot x) + b \tag{2.29}
$$

2.1.3 核函数与交叉验证

2.1.3.1 核函数

支持向量机的最大优势在于使用了核技术。对于非线性可分问题，支持向量机算法只需计算样本在高维空间的内积，而高维空间的内积可以用核函数 $K(x_i,\ x_j)$ 表示，从而避免了因升维而引起的“维数灾难”。使用核函数不需要事先知道映射的具体形式。支持向量机的性能在很大程度上受到核函数的影响，选择不同形式的核函数就可以生成不同的支持向量机，核函数及其参数的选择是支持向量机理论研究的一个重要问题。

支持向量机常用的核函数见表 2.1。

表 2.1 支持向量机常用的核函数

核函数类别	公 式
线性核函数	$K(x, y) = (x \cdot y)$
多项式核函数	$K(x, y) = [(x \cdot y) + 1]^q$
高斯径向基核函数（RBF）	$K(x, y) = \exp(-\|x-y\|^2/\sigma^2)$
Sigmoid 核函数	$K(x, y) = \tanh[v(x \cdot y) + c]$

针对特定的实际问题如何选择一个核函数及参数使 SVM 的推广性能最优，是一个至今未被彻底解决的问题，尚缺乏科学理论做指导，只能凭借个人经验或反复试验确定，这也成为支持向量机理论的一个缺陷。在实际应用中，如何根据样本数据集进行模型及相关参数的选择，成为当前支持向量机的一个研究方向，后文中选取广泛使用的径向基 RBF 函数作为 SVM 的核函数。

2.1.3.2 交叉验证

交叉验证（CV，Cross Validation）主要用来评估分类模型性能的好坏，其主要思想是将数据集分成训练集和测试集两部分，用训练集对支持向量机模型进行训练，用测试集对训练好的模型进行验证，用验证误差作为衡量模型优劣的指标。

k-折交叉验证是常用的 CV 方法，其本质是在获得较小训练误差的同时使模型具有更好的泛化能力。其思想为将数据分为 k 组，每次选择 1 组数据作为验证集，其余 k-1 组作为训练集，这样经过一轮迭代后，能够得到 k 个模型，每个模型在测试集上都有一个分类准确率，取 k 个结果的平均数作为此 k-折交叉验证下的模型的性能指标。分类准确率平均数越大，说明取值为这组参数的支持向量机模型具有更高的预测精度。

2.1.4 参数选择

支持向量的推广性能与模型中具体参数的选择息息相关，包括惩罚参数 C、核函数的参数 σ 、不敏感损失系数 ε 等。要想采用支持向量方法对实际问题进行建模，必须选择一组好的参数才能取得最佳效果，而以往支持向量机的参数选择都是凭借经验或实验确定，这样选取的参数往往不是全局最优参数，存在着计算量大、效率低、精度差等问题，限制了支持向量机的实际应用。

2.1.4.1 惩罚参数 C

参数 C 决定了分类器对错分样本的惩罚程度。C 值越小，对样本数据中误判的样本惩罚就越小，这会使训练误差增大，当使用训练好的分类器对未知数据进行分类时，错分率就会很高，也就会出现“欠学习”现象；相反，如果 C 值太大，则分类器尽可能满足所有的约束条件，这意味着所有训练样本都要正确分类，这将导致分类超平面复杂、计算量大、耗时多，使系统推广能力变差，也就是所谓的“过学习”现象。因此，只有选择正确合适的参数 C 值才能使得 SVM 具有较好的推广性能。

2.1.4.2 核函数的参数 σ

核函数的变换就是映射函数的改变，可以实现特征空间分布复杂度改变的目的。对于 RBF 核函数，参数 σ 具有性质：当参数 $\sigma \to 0$ 时，全部样本点都是支持向量；当参数 $\sigma \to \infty$ 时，RBF 核函数支持向量机的判别函数为一常数，即把所有样本分为同一类。前者产生“过拟合”现象而降低对新样本的正确分类能力，后者不具备对测试样本的分类能力。选取合适的参数 σ ，支持向量机的个数明显下降，且分类器对未知样本的正确分类能力也会大大提高。

2.1.4.3 不敏感损失系数 ε

对于回归问题，参数 ε 用于确定训练数据的 ε- 不敏感区域宽度，ε 值的大小影响支持向量机的个数。当 ε 的值较大时，训练时间减少，支持向量个数也相应减少，导致回归预测的精度降低；当 ε 的值较小时，则样本数据预测精度提高，但支持向量会增多，推广能力就可能较差。

本书采用智能计算方法对 SVM 中的惩罚参数 C、不敏感损失系数 ε 、核函数的参数 σ 等进行寻优，克服了人为选取参数导致的盲目性和随机性，建立了基于混合智能化方法的高炉能耗和质量预测模型，从而有效提高预测模型的拟合精度。

2.2 粒子群优化算法

粒子群优化算法（PSO，Particle Swarm Optimization）是 J. Kennedy 和 R. C. Eberhart 于 1995 年提出的一类基于群智能的随机搜索算法，源于对鸟群捕食行为的研究。由于其结构简单、参数少、易于实现等特点，一经提出就成为智能计算领域的一个新的研究热点，受到了各领域学者的广泛关注，现已被广泛应用于目标函数优化、模式识别、神经网络训练和复杂过程优化问题。

2.2.1 基本粒子群算法

在粒子群优化算法中，鸟群中的每只鸟都被称为一个“粒子”，每个粒子代表着一个潜在的解。算法首先生成一定规模的粒子作为问题搜索空间的初始解，然后进入迭代搜索过程。粒子在飞行过程中，会凭借自身的飞行经验和种群的飞行经验来动态调整自己的位置和速度，经过若干次迭代，最终搜索到全局最优解。基本粒子群优化流程图如图 2.5 所示。

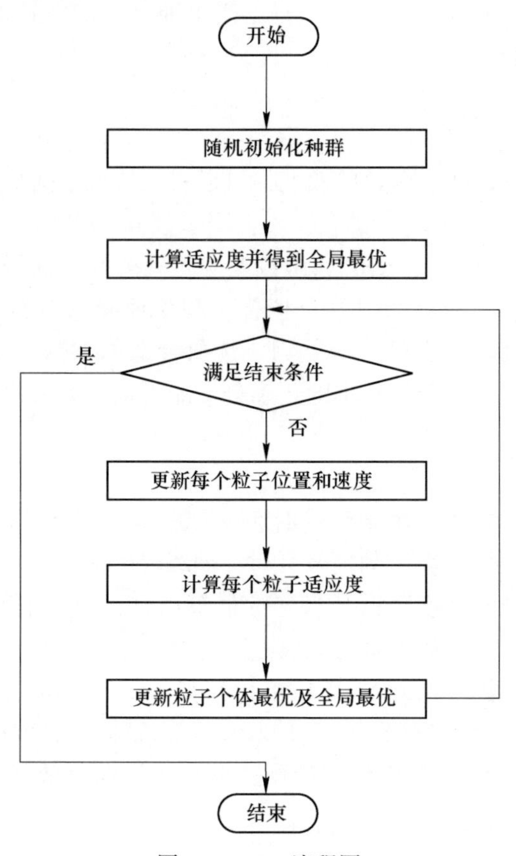

图 2.5　PSO 流程图

设 $x_i = (x_{i1}, x_{i2}, \cdots, x_{iD})$ 为第 i 个粒子的 D 维位置向量，根据事先设定的适应值函数计算 x_i 当前的适应值，并通过适应值的大小来衡量粒子位置的优劣；$v_i = (v_{i1}, v_{i2}, \cdots, v_{iD})$ 为粒子 i 在各个方向的飞行速度；$p_i = (p_{i1}, p_{i2}, \cdots, p_{iD})$ 为粒子本身迄今为止搜索到的最优位置；$p_g = (p_{g1}, p_{g2}, \cdots, p_{gD})$ 为整个粒子群迄今为止搜索到的最优位置。在每次迭代过程中，第 i 粒子根据以下公式更新自己的位置和速度：

$$v_{id}^{k+1} = v_{id}^{k} + c_1 r_1 (p_{id} - x_{id}^{k}) + c_2 r_2 (p_{gd} - x_{id}^{k}) \tag{2.30}$$

$$x_{id}^{k+1} = x_{id}^{k} + v_{id}^{k+1} \tag{2.31}$$

式中　$i = 1, 2, \cdots, m$，m 为粒子群中粒子数目；

$d = 1, 2, \cdots, D$；

k——迭代次数；
c_1，c_2——学习因子，表示粒子受个体认知和社会认知的影响程度；
r_1，r_2——［0，1］之间的随机数。

式（2.30）中粒子速度更新由三部分构成：第一部分反映粒子速度受当前速度的影响，保留一定的飞行惯性；第二部分反映粒子速度受个体极值的影响，即受粒子本身最优历史记忆的影响；第三部分反映粒子速度受全局最优值的影响，即反映了群体间信息共享程度。

2.2.2 粒子群改进算法

2.2.2.1 惯性权重渐变的 PSO

Shi 与 Elberhart 于 1998 年首次在 PSO 算法的速度更新公式中引入了惯性权重 w，即：

$$v_{id}^{k+1} = wv_{id}^{k} + c_1r_1(p_{id} - x_{id}^{k}) + c_2r_2(p_{gd} - x_{id}^{k}) \tag{2.32}$$

式中：

$$w = (w_1 - w_2) \times \frac{\text{maxiter} - \text{iter}}{\text{maxiter}} + w_2 \tag{2.33}$$

通过惯性权重 w 可以很好地调节 PSO 的全局与局部寻优能力，选择合适的 w 可以在全局和局部的搜索能力之间达到最佳平衡。w 较大时，受当前速度的影响较大，全局搜索能力比较强；w 较小时，有利于提高算法的局部寻优能力。惯性权重的引入使 PSO 的性能得到很大提高，为成功解决很多实际问题奠定了基础。本书中称带惯性权重的 PSO 为标准的粒子群优化算法（简称 TVIW-PSO）。

2.2.2.2 带加速因子的 PSO

通常，在基于种群的优化方法中，一方面在优化初期希望个体遍历整个搜索空间，而不陷入局部极值；另一方面，在迭代后期，为了能有效找到全局最优解，使所有个体向全局最优位置收敛非常重要，Asanga Ratnaweera 提出了将加速因子 c_1、c_2 调整为随迭代次数而更新的系数，并称该算法为 TVAC-PSO 算法，即令：

$$c_1 = (c_{1f} - c_{1i}) \times \frac{\text{iter}}{\text{maxiter}} + c_{1i} \tag{2.34}$$

$$c_2 = (c_{2f} - c_{2i}) \times \frac{\text{iter}}{\text{maxiter}} + c_{2i} \tag{2.35}$$

式中，c_{1f}、c_{1i}、c_{2f}、c_{2i} 为事先设定好的常数，该算法对于单峰函数能够显著提高算法的收敛性能，但对于多峰函数而言，性能一般。

2.2.2.3　带收缩因子的 PSO

为了限制迭代后期粒子的速度，使粒子群收敛于全局最优解，Clerc 提出了收缩因子的概念，利用收缩因子来控制粒子飞行轨迹，即在粒子速度更新公式中加入收缩因子χ：

$$v_{id}^{k+1} = \chi[v_{id}^{k} + c_1 r_1(p_{id} - x_{id}^{k}) + c_2 r_2(p_{gd} - x_{id}^{k})] \tag{2.36}$$

$$\chi = \frac{2}{\left|2 - \varphi - \sqrt{\varphi^2 - 4\varphi}\right|} \tag{2.37}$$

式中，$\varphi = c_1 + c_2$，$\varphi > 4$。

2.2.2.4　拓扑结构改进的 PSO

由于不同粒子群的拓扑结构及邻域结构对粒子群算法的寻优效果有很大影响，许多学者在粒子群算法的拓扑结构方面做了改进研究。Rui Mends 和 James Kennedy 研究粒子群的拓扑结构，并提出了可用于局部 PSO 算法的 5 种拓扑结构。Suganthan 提出一种采用局部最优代替全局最优的策略，随着迭代次数的增加动态扩展粒子的邻域，使局部最优从个体最优一直扩展至全局最优。Marco 等人采用从全连接结构组件减少为环形结构的动态拓扑结构，以便在搜索空间中降低陷入局部最优的风险。

倪庆剑等人提出采用多簇结构的粒子群算法，簇内采用全连接形式实现粒子间的高度共享，簇间采用环形连接实现信息传递。杨雪榕等人提出多邻域结构的粒子群算法，每个邻域中的第一个粒子接受全局信息的粒子，其他粒子作为只能接受邻域信息的粒子。高鹰等人提出对粒子群进行聚类，将种群划分成若干子群，子群中的粒子采用局部最优策略，并通过实验说明了算法的有效性。温雯等人提出动态改变拓扑结构的思想，迭代前计算每个粒子的概率，然后根据概率对每个粒子选择其邻域最优。

2.3　遗传算法

2.3.1　GA 基本原理

遗传算法（GA，Genetic Algorithm）最初是由美国密西根大学的 Holland 教授于 20 世纪 60 年代末到 70 年代初借鉴生物界的进化过程和机制提出的一种随机自适应的全局搜索算法，它以达尔文生物进化理论和孟德尔的遗传变异理论为基础。目前遗传算法已经受到各领域人士的重视，在目标优化、图像处理、优化与调度、智能控制方面取得了广泛应用。

达尔文的进化论提出自然界的“自然选择”和“优胜劣汰”的进化规律。从宏观上来看，在生物的漫长进化过程中，生物种群中的每个个体对其生存环境都表现出不同的适应能力（适应度），具有较强适应能力的个体具有更强的生命力，容易存活下来并有更多机会产生后代；反之，一部分对环境变化具有较弱适应能力的个体则面临被淘汰的危险，繁衍后代的机会也越来越少。这样经过自然选择保存下来的群体进行交配繁衍产生子代种群，并伴随着种群的变异，这样经过选择、交配和变异后的种群取代原来种群，进入新一轮的进化过程。

从微观上来看，生物的进化过程表现为基因遗传。生物的所有基因信息都蕴含在一个呈线性状态排列的复杂而又微小的染色体上，染色体的主要化学成分是脱氧核糖核酸（DNA）和蛋白质。在遗传过程中，子代从父代继承的遗传基因通过染色体交叉而重组形成不同的染色体，子代从父代继承特征和性状。另外，在进行基因复制转移的过程中，可能以很小的概率产生某些异常，从而使 DNA 发生某种变异，产生出新的染色体。

2.3.2 遗传算法组成部分

遗传算法的实现主要包括以下几个部分。

（1）染色体编码。在用遗传算法求解问题之前，必须把待求解问题的参数形式转化成遗传算法的染色体位串形式才能进行后续处理，即确定染色体的编码方式。染色体编码方式是影响算法执行效率的关键因素之一。在使用遗传算法求解实际应用中，目前尚缺乏完全适用于全部问题的统一指导原则，采用何种编码形式并不是一概而论的，应该尽量分析问题的特点，制定切实可行的编码方案。目前编码方法有二进制编码、实数编码、树编码、字母编码等。

（2）适应度函数确定。根据不同种类的问题，必须预先确定好由目标函数值到个体适应度之间的转换规则，可以直接把目标函数作为适应度函数，也可以进行尺度变换，尺度变换主要有线性变换、幂律变换、指数变换和对数变换等。适应度函数用于评估各个染色体的适应值，染色体适应值作为决定算法走向的关键因素。适应度较高的个体遗传到下一代的概率就较大，而适应度较低的个体遗传到下一代的概率就相对小一些。

（3）遗传操作。遗传操作包括三个基本的遗传算子，即选择算子、交叉算子和变异算子。选择算子按照一定规则从当前种群中选出优良个体作为父代种群，为下一代繁衍子孙创造条件；交叉算子作用于两个优选的父代染色体，染色体交换各自的部分基因，产生两个子代染色体进入新种群；变异算子使新种群以小概率进行变异，改变染色体相应的基因位以提升遗传算法的局部搜索能力。

在遗传算法中，首先根据待求解优化问题的目标函数构造一个适应度函数，然后按照一定规则生成经过染色体编码的初始种群，之后对种群进行评价、选择、交叉和变异等操作，经过多次迭代直到满足算法的终止条件为止，适应度最好的染色体作为问题的最优解。图 2.6 给出了遗传算法的流程图。

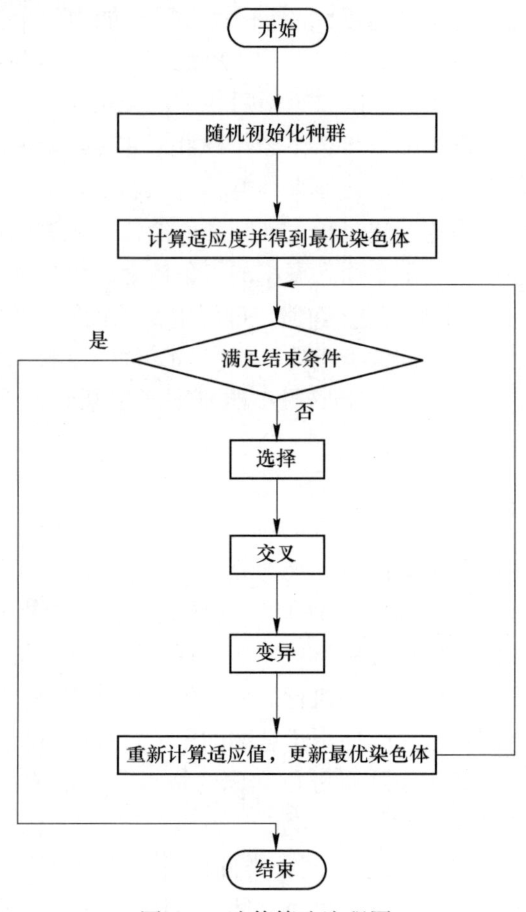

图 2.6　遗传算法流程图

2.4　人工鱼群算法（AFSA）

人工鱼群算法（AFSA，Artificial Fish School Algorithm）是由李晓磊博士等人模仿鱼类行为方式的一种新型仿生群智能优化算法。人工鱼群算法是以人工鱼的虚拟视觉为基础来进行设计的，生物的视觉是极其复杂的，它能快速感知所处环境中的大量事物，这是任何机器和程序都无法与之相比的。

设一条人工鱼的当前状态 $X^i = (x_1^i, x_2^i, \cdots, x_n^i)$，Visual 为其视野范围，状态 $X^j = (x_1^j, x_2^j, \cdots, x_n^j)$ 为其在某时刻感知距离 Visual 内的位置，如果该位置的状态优于当前状态，则考虑向该位置方向前进一步，即达到状态 X_{next}，如果状

态 X_j 不比当前状态更优，则继续巡视视野内其他位置。此过程可以表示为：

$$X^j = X^i + \mathrm{Visual} \cdot \mathrm{Rand}() \tag{2.38}$$

$$X_{\mathrm{next}} = X^i + \frac{X^j - X^i}{\|X^j - X^i\|} \cdot \mathrm{step} \cdot \mathrm{Rand} \tag{2.39}$$

人工鱼群算法中人工鱼寻优的几种行为包括：随机行为、觅食行为、聚群行为、追尾行为等，这几种行为都是在其感知视野范围内不断进行判断和转换，以达到寻找食物或同伴的目的。

2.5 随机森林

随机森林是一种集成学习算法，在分类和回归任务上有着比较优秀的表现，也是非常经典的集成学习算法。随机森林模型有很多的优点。由于采用了集成算法，预测准确率比一般的单个模型要高。面对高维度的数据，随机森林不用做特征选择，而且数据集无须规范化，对数据集的适应能力很强。既能处理离散型数据，也能处理连续型数据。当随机森林中决策树很多时，训练需要的空间和时间比较大。

假设 X 与 Y 为输入变量和输出变量，采用启发式的方法对训练集划分，选择第 j 个输入变量 x^j 和它的值 s 作为划分，定义两个集合：

$$R_1(j, s) = \{x \mid x^j \leqslant s\} \tag{2.40}$$

$$R_2(j, s) = \{x \mid x^j > s\} \tag{2.41}$$

计算

$$\min_{j, s}\left[\min_{c_1} \sum_{x_i \in R_1(j, s)} (y_i - c_1)^2 + \min_{c_2} \sum_{x_i \in R_2(j, s)} (y_i - c_2)^2\right] \tag{2.42}$$

找出最优切分点 s 。其中，c_1 和 c_2 为 R_1 和 R_2 中 y 的平均值，即

$$c_1 = \mathrm{average}(y_i \mid x_i \in R_1(j, s)) \tag{2.43}$$

$$c_2 = \mathrm{average}(y_i \mid x_i \in R_2(j, s)) \tag{2.44}$$

遍历所有输入变量，找到最优的 j 和 s ，将训练集划分为两个子集，对两个子集递归进行上述过程，直到满足停止条件为止，以上方法便可生成回归树。最后，把创建的多个决策树组成随机森林，随机森林的预测值是所有决策树的预测值的平均值。

参考文献

[1] 倪建军，任黎. 复杂系统控制与决策中的智能计算 [M]. 北京：国防工业出版社，2013.

[2] 张军. 计算智能 [M]. 北京：清华大学出版社，2009.

[3] 谭建豪，章兢，胡章谋. 软计算原理及其工程应用 [M]. 北京：中国水利水电出版社，2011.

[4] Vladimir N. Vapnik. 统计学习理论的本质 [M]. 张学工，译. 北京：清华大学出版

社，2000.
[5] 张学工 . 关于统计学习理论与支持向量机 [J]. 自动化学报，2000，26 (1)：32-42.
[6] Burges C J C. A tutorial on support vector machines for pattern recognition [J]. Data Mining and Knowledge Discovery，1998，2 (2)：121-167.
[7] 邓乃扬，田莹杰 . 支持向量机理论、算法与扩展 [M]. 北京：科学出版社，2009.
[8] 杨志民，刘广利 . 不确定性支持向量机算法及应用 [M]. 北京：科学出版社，2012.
[9] Cristianini N. An introduction to support vector machines and other kernel-based learning methods [M]. London：Cambridge University Press，2000.
[10] Shi Y，Eberhart R C. A modified particle swarm optimizer [A]. Proceedings of the 1998 IEEE International Conference on Evolutionary Computation. Piscataway，USA：IEEE，1998：67-73.
[11] Ratnaweera A，Halgamuge S K，Watson H C. Self-organizing hierarchical particle swarm optimizer with time-varying acceleration coefficients [J]. Evolutionary Computation，2004，8 (3)：240-255.
[12] Clerc M，Kennedy J. The particle swarm：explosion，stability，and convergence in a multi-dimensional complex space [J]. IEEE Transactions on Evolutionary Computation，2004，8 (6)：58-73.
[13] R Mends，J Kennedy，J Neves. The fully informed particle swarm：simple，maybe better [J]. IEEE Transactions on Evolutionary Computation，2004，8 (3)：204-210.
[14] P N Suganthan. Particle swarm optimizer with neighborhood operator [C]. Proc. of the IEEE Congress on Evolutionary Computation (CEC 1999)，Piscataway，NJ，1999，1958-1962.
[15] Marco A. Montes de Oca，Thomas Stützle，Mauro Birattari，et al. Frankenstein's PSO：a composite particle swarm optimization algorithm [C]. IEEE Transactions on Evolutionary Computation，2009，13 (5).
[16] 倪庆剑，邢汉承，张志政，等 . 一种基于多簇结构的高斯动态粒子群优化算法 [J]. 模式识别与人工智能，2008，21 (3)：338-345.
[17] 杨雪榕，梁加红，陈凌，等 . 多邻域改进粒子群算法 [J]. 系统工程与电子技术，2010，32 (11)：2453-2458.
[18] 高鹰，谢胜利，许若宁，等 . 基于聚类的多子群粒子群优化算法 [J]. 计算机应用研究，2006，23 (4)：40-41.
[19] 温雯，郝志峰 . 一种基于动态拓扑结构的 PSO 改进算法 [J]. 计算机工程与应用，2005，41 (34)：82-85.
[20] 张军，詹志辉 . 计算智能 [M]. 北京：清华大学出版社，2009.
[21] 汤河宗，杨静宇 . 群智能优化方法及应用 [M]. 北京：科学出版社，2015.
[22] 雷秀娟 . 群智能优化算法及应用 [M]. 北京：科学出版社，2012.
[23] 李晓磊，邵之江，钱积新 . 一种基于动物自治体的寻优模式：鱼群算法 [J]. 系统工程理论与实践，2002，22 (11)：32-38.
[24] 李航 . 统计学习方法 [M]. 2 版 . 北京：清华大学出版社，2019.

3 概念格生成及属性约简

概念格的构造问题是形式概念分析应用的前提。由于概念格的时空复杂度是随着形式背景的增加而指数性地增大，有关概念格的生成问题一直是形式概念分析应用研究的一个重点。已有许多文献提出了概念格多种的构造算法，这些算法大致可分为批处理构造算法和渐进式构造算法两类。对于同一个形式背景而言，构造的概念格是唯一的，即不受数据或属性排列次序的影响，这也是概念格的优点之一。本章在介绍概念格的渐进式生成算法的基础上，介绍了一种基于概念格的冗余属性约简算法，给出了相关的定义及证明，并列举了实例。

3.1 概念格理论

3.1.1 概念格与粗糙集约简

形式概念分析是20世纪80年代初由德国的R. Wille教授提出的数学理论。形式概念分析以其特有的概念格（Concept Lattice）结构表达了概念之间特化和泛化的关系，而每一个概念又由外延和内涵两部分组成，外延是具有内涵中所有属性的对象集合，而内涵又是具有外延中所有对象的属性集合。随着研究的深入，形式概念分析已经成为一种重要的知识表示方法，得到了国内外专家的广泛关注，成为处理和组织大规模数据的有效工具，已被广泛应用于知识工程、机器学习、信息检索和软件工程等领域。

粗糙集理论是波兰数学家Z. Pawlak于1982年提出的一种处理含糊性和不确定性问题的数学工具。形式概念分析和粗糙集两大理论有很多相似之处，目前国内外学者已经对二者间联系进行了深入研究。属性约简是粗糙集理论中关键的问题之一，其思想是删除一些属性使得新属性集合与原来的属性集合具有相同的分类能力。目前，较多的属性约简算法是基于区分矩阵的改进方法和各种启发式算法，基于区分矩阵的方法虽然能够保证算法的完备性，但当对象数目很大时，形成区分矩阵的规模呈对象数目的阶数级增长。启发式算法虽然效率较高，但却难以保证结果的完备性。此外，概念格作为形式概念分析理论的核心数据结构，是进行知识获取和表示的有利工具，已有一些学者将其应用于粗糙集属性约简，并表现出了较好的性能。

3.1.2　概念格及属性约简定义

形式背景被定义为一个三元组 $(U,\ M,\ I)$，其中，U 是对象的集合，M 是属性的集合，I 为 U 和 M 之间的二元关系，若 $(u,\ m) \in I$，则说对象 u 具有属性 m。对于形式背景 $(U,\ M,\ I)$，在对象集合 $A \subseteq U$ 和属性集合 $B \subseteq M$ 上分别定义两个映射：

$$\begin{cases} f(A) = \{m \in M \mid \forall u \in A,\ (u,\ m) \in I\} \\ g(B) = \{u \in U \mid \forall m \in B,\ (u,\ m) \in I\} \end{cases} \tag{3.1}$$

定义 3.1　对于形式背景 $(U,\ M,\ I)$，如果一个二元组 $(A,\ B)$ 满足 $f(A) = B$，$g(B) = A$，则称二元组 $(A,\ B)$ 为一个形式概念，简称概念。其中，对象集合 A 称为概念的外延，属性集合 B 称为概念的内涵。

定义 3.2　形式背景 $(U,\ M,\ I)$ 的所有概念通过偏序关系来确定彼此关系：

$$(A_1,\ B_1) \leqslant (A_2,\ B_2) \Longleftrightarrow A_1 \subseteq A_2\ B_2 \subseteq B_1 \tag{3.2}$$

式中，$(A_1,\ B_1)$ 称为子概念，$(A_2,\ B_2)$ 称为父概念，将形式背景 $(U,\ M,\ I)$ 的所有概念的偏序集记为 $L(U,\ M,\ I)$，称为概念格。

定义 3.3　对于一个对象 $u \in U$，$\{g[f(u)],\ f(u)\}$ 一定是概念，称这个概念为 u 的对象概念，记作 γu。同样，对于一个属性 $m \in M$，$\{g(m),\ f[g(m)]\}$ 也一定是一个概念，称为 m 的属性概念，记作 μm。

定义 3.4　对于形式背景 $(U,\ M,\ I)$ 上的每个非空子集 $\varphi \subseteq M$，定义如下等价关系：

$$R_\varphi = \{(u_i,\ u_j) \in U \times U \mid u_i(m_k) = u_j(m_k),\ m_k \in \varphi\} \tag{3.3}$$

等价关系 R_φ 将 U 划分成互不相交的集合，记为：

$$U/R_\varphi = \{[u_i]_\varphi \mid u_i \in U\} \tag{3.4}$$

式中，$[u_i]_\varphi = \{u_j \in U \mid (u_i,\ u_j) \in R_\varphi\}$。设 R 是等价关系簇，$\mathrm{IND}(R)$ 表示所有等价关系的交集。

定义 3.5　设 R 是等价关系簇，$r \in R$，如果 $\mathrm{IND}(R) = \mathrm{IND}(R - \{r\})$，则称 r 是 R 中可约简的。若 R 中任一 $r \in R$ 是 R 中不可约去的，则等价关系簇 R 是独立的。对于等价关系集合 $P \subseteq R$，如果满足 $\mathrm{IND}(R) = \mathrm{IND}(P)$，且 P 是独立的，则称 P 为 R 的一个最小子集，称 R-P 为最大可约简属性集。

后面部分介绍了基于概念格的多层属性约简算法，通过对相融可辨概念和相融等价概念性质的研究可知，可辨概念的内涵亏属性为不可同时约简的，再由条件属性的幂集中删除所有包含不可同时约简的元素，剩余元素便是所有同时可约简的属性。算法能够完备地求出所有可约简的最大属性集合，并从理论上证明算法的正确性，同时给出实例进行了验证。

3.2 概念格构造算法综述

3.2.1 批处理构造算法

在已提出的批处理式概念格构造算法中，只有少数几个算法能在生成概念的同时，生成 Hasse 图。批处理式概念格构造算法根据建格的方式不同，可以分成三类，即自顶向下算法、自底向上算法和枚举算法。自顶向下算法首先构造概念格的最上层结点，然后逐渐向下构造，典型的算法是 Bordat 的算法。自底向上算法则正好相反，它首先构造概念格底部的结点，然后再向上扩展，如 Chein 的算法。枚举算法则是按照一定的顺序枚举概念格的所有结点，然后再生成对应的 Hasse 图，此类算法有 Ganter 的算法和 Nourine 的算法等。

3.2.2 增量式算法

增量式算法又称为渐进式算法，目前提出的所有渐进式算法如果按照算法的构成方式可分为：递归的构造算法和非递归的构造算法。

所有非递归算法的思想是大同小异的。基本思想是将当前要插入的对象和格中所有的概念交，根据交的结果采取不同的行动。主要区别在于连接边的方法。典型的算法有 Godin、Capineto、T. B. Ho 的算法。下一节将详细介绍 Godin 算法的基本实现原理。

递归的渐进式构造算法是在建格过程中通过递归调用某一个重复的过程来完成格的创建的，典型的算法是 AddIntent 算法。该算法由第 i 个对象生成的格 L_i 作为输入，同时插入下一个对象 g 来生成一个新格 L_{i+1}。首先算法找出一个最泛化的概念，它的内涵是 intent（g'）的超集并且指定这个概念为生成元概念，如果这个概念的内涵与 intent 相同，那么所希望的概念已经存在于格中，算法结束；否则这个概念为所生成新概念的规范生成元，同时生成一个内涵为 intent 的新概念。为了找到这个新概念的所有父概念，算法检查规范生成元的所有父概念，如果存在一个父概念（叫作 Candidate），它的内涵是 intent 的子集，那么 Candidate 是更新节点；否则，重复调用 AddIntent 以确保格包含一个内涵为 intent 和 Candidate 的内涵交集的概念。这样便找出了这个新概念的所有父概念，并在这些父概念、新概念和生成元之间连线，AddIntent 函数返回这个新概念。

3.3 经典 Godin 算法

Godin 算法是一种典型的渐进式建格算法，后来的很多建格算法都是以这一建格理论为依据的，包括基于属性的概念格构造算法、Godin 的改进算法等。本节将详细介绍 Godin 算法的思想并给出一个建格实例。

3.3.1　Godin 算法的思想

对于大多数应用，不仅要生成格 G 的所有概念而且要生成格对应的 Hasse 图。在一些应用中渐进地添加一个新对象 x^*，通过修改原来格而不是重新生成整个格也是很重要的。Godin 算法满足了两方面的要求，通过在原有格的基础上进行修改并更新相应的边来产生出新格。在一个新实例被插入之后，格中的节点被分为三类：第一类是不变节点，它们是新格 L' 中所保留的 L 中的节点，这些节点内涵和新对象的内涵没有交集；第二类是更新节点，它们是对原来格 L 中的节点更新后的节点，这些节点的内涵包含在新对象的内涵中，因此只需将其外延更新包括新对象即可；第三类是新增节点，即所要插入的节点的内涵与原来格 L 中某个节点的内涵交所产生的集合在格中没有出现过。

命题 3.1　对于某个集合 X'，如果有

$$(X,\ X') = \inf[(Y,\ Y') \in G \mid X' = Y' \cap f(\{x^*\})] \tag{3.5}$$

成立，而且不存在节点 $(Z,\ X') \in G$，那么 $(Y,\ Y')$ 就是一个新生成节点的生成元，其中这个新生成节点为 $[X = Y \cup \{x^*\},\ X' = Y' \cap f(\{x^*\})] \in G^*$。

此外，Hasse 图的边也要做更新。首先，一个新节点的生成元将始终是这个新节点的一个子节点。这个生成元节点的子节点不变，父节点要发生变化，而且是唯一成为这个新节点一个子节点的不变节点。可能存在这个新节点的其他子节点，但它一定也是一个新节点。不是生成元的不变节点的父节点仍然不变。同样，更新节点的父节点也不变。然而，一些更新节点的子节点可能改变，它们可能是一些新概念。这意味着如果一个新概念落在一个原子节点和这个更新概念之间，那么这个子节点可能被移除。

表 3.1 是更新过程中按照节点分类所作修改的概括。更新过程分为四方面，即 X 集合、X' 集合、父节点和子节点。前三个策略表示 G 中的节点进行可能的修改后仍存留在 G^* 中。而前两个策略与第三个策略不同，它们要做修改。第四个策略是针对新概念的。

表 3.1　更新过程中所作修改

节点类型	X 集合	X'集合	父节点	子节点
更新节点 $(Y,\ Y') \in G$	添加 X^*	不变	不变	添加新节点 c，若 c 介于更新节点与生成元间，移除该生成元

续表 3.1

节点类型	X 集合	X'集合	父节点	子节点
生成元	不变	不变	添加新节点 c，若 c 在生成元和父节点间，移除该父节点	不变
非生成元节点	不变	不变	不变	不变
新增节点，生成元为（Y，Y'）	$Y\cup\{X^*\}$	$Y'\cap f(\{X^*\})$	不变节点和新增节点	生成元和可能的新节点

由于 Godin 算法的伪代码太长，限于篇幅，此算法的伪代码就不在书中给出，细节介绍请参考相关文献。

3.3.2 对象更新实例

表 3.2 为一个包含 4 条生产数据对应的形式背景示例，a 和 b 可以是例如风温、风压的生产参数，分别具有三个分类，对应的概念格如图 3.1 所示。设新增加的对象是 5，$f(5)=\{a1, b3\}$，更新后的形式背景及其对应的概念格分别如表 3.3和图 3.2 所示。

表 3.2 原形式背景

U	$a1$	$a2$	$a3$	$b1$	$b2$	$b3$
1	×				×	
2		×		×		
3		×				×
4			×		×	

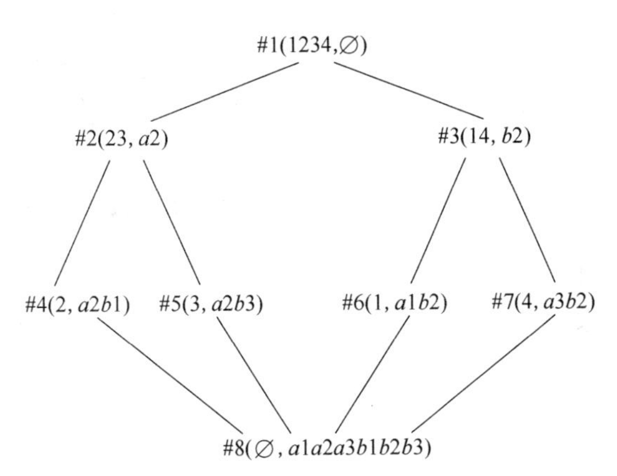

图 3.1 原形式背景的概念格

按 Godin 算法思想，对原概念格中的概念以从上往下的方式检索。在图 3.1 中，只有上层节点#1 的内涵是包含在 $f(\{5\})=\{a1, b3\}$ 中的，其属于更新概念，需要在它的外延中增加新对象 5（新增加的对象在图 3.2 中加粗表示）；对于节点#2、#3、#4 和#7，由于它们的内涵和新增对象无关，属于不变概念，直接从原概念格保留到已经完成更新的概念格中；而节点#5、#6 和#8，由于它们的内涵和新增对象的内涵的交集不为空，且在原格中并不存在以该交集为内涵的概念，另外由于是从上向下检查的，所以这些节点一定是满足上述条件的概念的下确界概念，所以它们属于生成元节点（在图 3. 2 中加下划线表示），它们产生的新增概念分别为#9、#10 和#11（在图 3. 2 中用加粗方式表示）。

表 3. 3　更新后的形式背景

U	a1	a2	a3	b1	b2	b3
1	×				×	
2		×		×		
3		×				×
4			×		×	
5	×					×

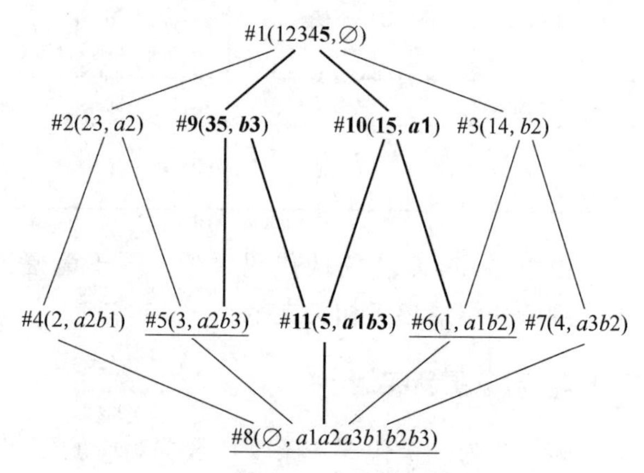

图 3. 2　新形式背景的概念格

对于生成元概念，由于它产生了新的概念，必然改变了在原概念格中新产生概念和其子概念之间的关系，这时就要根据概念节点间新的特化泛化关系重新调整节点间的连线，在图 3. 2 中新增加的边用加粗的连线表示。

3. 4　基于属性的概念格快速构造算法

目前，很多渐进式构造概念格算法都是基于对象的，而实际上数据库中也存在属性个数发生变化的情况，比如电子购物网站中的商品发生了变化等，若按原来的基于对象的概念格生成算法就需要重新构造整个概念格。另外，如果某些应用存在初始数据集，可采用基于对象和基于属性相结合的方式建立应用，首先采用基于属性的概念格构造算法生成初始概念格，再采用面向对象的渐进式算法进行增量式构造。本节介绍一种基于属性的概念格构造算法，通过渐增属性来构造新的概念格，使得这一问题得到了有效的解决。而且算法是采用递归的方式进行处理的，略掉了不必要的查找和比较过程，节省了不必要的系统开销。本节的算法在渐进地生成了所有概念集合的同时也更新了概念格的表图结构，因此非常适合于同时需要概念集合和表图的应用，如信息检索和文档浏览等。

3. 4. 1　算法的思想

受到基于对象的递归渐进式构造概念格算法的启发，将其思想应用于属性，本节定义基于属性的概念格快速渐进式构造算法并描述它的基本策略，基于属性的渐进式构造算法就是由第 i 个属性生成的格 L_i 作为输入，同时插入下一个属性来生成新格 L_{i+1} 。有关文献中的构造算法将概念格的概念划分为更新概念、生成元概念、新概念和原概念四种。

渐进式构造算法在求解过程中要解决两个主要问题：

（1）确定所有的更新概念，以便把新加入的属性添加到它们的内涵中去；

（2）找出所有新概念的生成元，以便精确地生成每个新概念。

高效的算法就是要花尽可能少的时间在非更新概念和非规范生成元之间搜索，算法通过递归的方式遍历格 L_i 来有效地解决了这两个问题。

设添加的属性为 m^* ，则具有该属性的对象为 $g(m^*)$ 。可以给出这四种概念的定义。

定义 3.6 如果一个概念外延 C 不是 L_i 中的任何概念的外延，那么这个概念 $(C, D) \in L_{i+1}$ 是新的。很显然，对于 L_i 中的任意概念 (A, B) ，如果 $g(m^*) \cap A$ 在原格中不是任何概念的外延，则 $g(m^*) \cap A$ 是所要生成新概念 (C, D) 的外延。

定义 3.7 设 $(A, B) \in L_i$ ，如果 $A \subseteq g(m^*)$ ，那么概念 (A, B) 是更新概念，在 L_{i+1} 中只需将 m^* 添加到它的内涵中去即可。

定义 3.8 概念 $(A, B) \in L_i$ ，新概念 $(C, D) \in L_{i+1}$ ，如果 $A \cap g(m^*) = C \neq A$ ，那么概念 (A, B) 叫作概念 (C, D) 的生成元。

每个新概念 (A, B) 都至少有一个生成元，但有时可能有几个生成元，把这些生成元中最特化的叫作 (C, D) 的规范生成元，其余的叫作非规范生成元。规范生成元与新概念是一一对应的。

定义 3.9 如果一个概念 $(A, B) \in L_i$ ，它既不是更新概念也不是新概念的生成元，那么这个概念是原概念，直接添加到新格 L_{i+1} 中去。

在已提出的渐进式生成算法中，在查找生成元的时候，首先从 L_i 的所有概念中最特化的开始处理，当查找到概念 (A, B) 时，生成外延的交 $A \cap g(m^*)$ ，并从已生成的新概念和更新概念中查找，以确定这个内涵是否已经存在。这个算法忽略了以下两个事实。

命题 3.2 如果 (A, B) 是一个新概念 (C, D) 的规范生成元，而 (A', B') 是 (C, D) 的非规范生成元，此时 $A \subseteq A'$ ，那么任何概念 (E, F) 满足：$E \subset A'$, $E \not\subset A$ ，那么它既不是更新概念，也不是任何新概念的规范生成元。

命题 3.3 如果 (A, B) 是一个原概念并且 $A \cap g(m^*) = C$ ，$(C, D) \in L_i$ 是更新概念，那么任何概念 (E, F) 满足：$E \subset A$, $E \not\subset C$ ，那么它既不是更新概念，也不是任何新概念的生成元。

本节介绍的基于属性的概念格快速渐进式构造算法在由上至下递归遍历表图来查找生成元和更新概念时，没有处理这样的概念（E，F），大大地提高了算法的执行效率。下面是描述该算法的伪代码。

算法 3.1　基于属性的概念格快速渐进式构造算法（简记为 CLFIB，Attribute-based Fast Incremental Building Algorithm of Concept Lattice）。

```
(1) Function AddExtent (extent, GeneratorConcept, L)
(2)       GeneratorConcept=GetMinimalConcept (extent, GeneratorConcept, L)
(3)       If  Generator. extent=extent
(4)           Return   (extent, Generator. intent ∪ m* )
(5)       End If
(6)       GeneratorChilds: =GetChilds (GeneratorConcept, L)
(7)       NewChilds= ∅
(8)       For GeneratorChilds 中的每个 Candidate
(9)           If  Candidate. extent ⊄ extent
(10)                  Candidate:  = AddExtent ( Candidate. extent ∩ extent,
                      Candidate, L)
(11)          End If
(12)          addChild: =true
(13) For NewChilds 中的每个 Child
(14)               If  Candidate. extent ⊆ Child. extent
(15)                   addChild: =false
(16)                   Exit For
(17)               Else If Child. extent ⊆ Candidate. extent
(18)                   从 NewChilds 中移除 Child
(19)               End If
(20)            End For
(21)            If  addChild=true
(22)                将 Candidate 添加到 NewChilds 中去
(23)            End If
(24)        End For
(25)        NewConcept: = (extent, GeneratorConcept. intent ∪ m* )
(26)        L: =L ∪ {NewConcept}
(27)        For NewChilds 中的每个 Child
(28)            移除连线 (Child, GeneratorConcept, L)
(29)            增加连线 (Child, NewConcept, L)
```

(30)　　End For

(31)　　增加连线（NewConcept，GeneratorConcept，L）

(32)　　Return　NewConcept

如果对于形式背景（G，M，I）的每个属性 m^* 都分别调用函数 AddExtent [$g(m^*)$，（G，$\varnothing$），L]，则能够渐进地生成整个概念格。另外，查找最特化的函数 GetMinimalConcept 定义如下。

算法 3.2 查找最特化的函数 GetMinimalConcept。

```
(1) Function GetMinimalConcept (extent, GeneratorConcept, L)
(2) ChildIsMinimal: =true
(3) While ChildIsMinimal
(4)     ChildIsMinimal: =false
(5)     Childs: =GetChilds (GeneratorConcept, L)
(6)     For Childs 中的每个 Child
(7)         If  extent ⊆ Child. extent
(8)             GeneratorConcept: =Child
(9)             ChildIsMinimal: =true
(10)            Exit For
(11)        End If
(12)    End For
(13) Return GeneratorConcept
```

3.4.2 算法的相关描述

AddExtent（ ）函数是整个算法的核心部分，它的第一个参数是加入格 L 中的一个新概念的外延（extent），第二个参数 GeneratorConcept 是一个预先计算好的概念并且 extent 是它的子集。如果 extent 在原格 L_i 中不存在，则此函数返回一个新概念，否则返回一个更新概念。下面将详细描述算法的执行过程。

算法首先找出一个外延是 extent 超集的最特化的概念，并指定它为生成元概念（GeneratorConcept）（第 2 行）。如果这个概念的外延与 extent 相同，则不产生新概念算法结束（第 3~5 行），否则指定它为新概念的规范生成元，因为它是所有生成元中最特化的。

为了找到这个新概念的子概念，检查生成元概念的所有子概念（第 8 行）：如果存在一个子概念（Candidate），它的外延是 extent 的子集，那么这个 Candidate 是更新概念，不会产生新概念，否则重复调用 Addextent 来产生一个新概念（第 10 行），它的外延是 extent 与 Candidate 外延的交，并且这个新概念被指定为 Candidate。然后判断：如果 Candidate 在当前的新子概念列表中是最大的，则将 Candidate 加入到新子概念列表中（NewChilds），与此同时如果新子概念列表中的一些概念比 Candidate 更特化，那么从列表中移除这些概念（第 13～20 行）。因此，新子概念列表总是包含着两两之间不可比较的概念。

当处理完生成元概念的所有子节点后，新子概念列表中包含了这个新概念的所有子概念。算法 25 行创建了这个新概念，并把它与 NewChilds 中的每个概念相连，同时如果 NewChilds 中的概念与生成元概念之间存在连线，则移除该连线（第 27～28 行）。最后将这个新概念设置为生成元概念的一个子概念（第 31 行），函数返回这个新概念 NewConcept（第 32 行）。

在 GetMinimalConcept 函数中，首先将 extent 和预先设定的外延包含 extent 的一个生成元概念作为函数的参数（第 1 行），如果 extent 是生成元概念的一个子概念外延的子集（第 7 行），则令该子概念为生成元概念（第 8 行），继续向下查找，直到找到一个外延包含 extent 的一个最特化的概念为止，把这个最特化的概念设定为生成元概念并返回（第 13 行）。

3.4.3　属性更新实例

对于表 3.4 所示的形式背景，如果现在添加一个新属性 g，且 $g(g)=\{2,3,5\}$。对图 3.3 所示的原概念格 $L(K)$ 进行修改，就形成了图 3.4 所示的新概念格 $L(K^*)$。图 3.4 中用带下划线的节点表示新概念的规范生成元，新增的连线用粗线表示，移除的连线用虚线表示，新概念的字体用粗线表示，更新概念添加到内涵中的新属性用粗体表示。

表 3.4　形式背景

U	a	b	c	d	e	f
1	×		×			×
2	×		×			
3	×			×		
4		×	×			×
5		×			×	

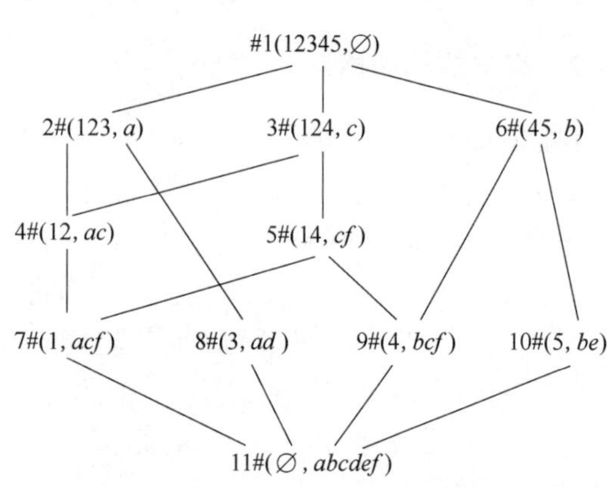

图 3.3　形式背景的概念格

算法首先调用函数 AddExtent（{235}，1#，L），因为概念 1#是外延包含 {235} 的最特化的概念，因此它是生成元概念。接下来算法将概念 2#作为第一个 Candidate 考虑，因为 Candidate 的外延与 {235} 的交为 {23}，在原格中不存在，所以交集 {23} 和概念 2#将作为参数进行递归调用 AddExtent（{23}，2#，

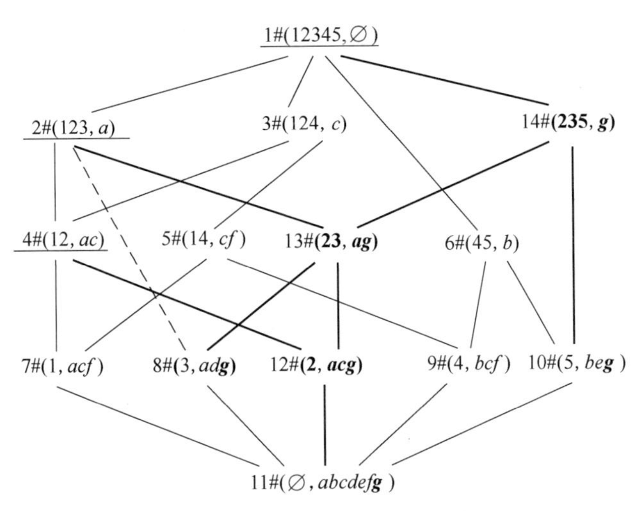

图 3.4 新形式背景的概念格

L)，当所有的后续递归调用完成以后，在 1#的其他子概念重复操作此步骤之前，算法将返回概念 13#并添加到外延为 {235} 的概念的新子概念列表中。

表 3.5 显示了在算法执行过程中相关变量的变化情况，第一列和第二列显示了递归的层次，第三列表示递归调用中产生的 Candidate，最后一列对应当前 Candidate 被考虑之前的子概念的状态。

表 3.5 算法中相关变量的执行情况

extent	Generator	Candidate	Candidate. extent ∩ extent	NewChilds
{2, 3, 5}	1#	2#	{2, 3}	∅
{2, 3}	2#	4#	{2}	∅
{2}	4#	7#	{∅}	∅
{∅}	11#	—	—	—
创建 12#，外延为 {2}，父概念 4#，子概念 11#				
{2, 3}	2#	8#	{3}	{12#}
创建 13#，外延为 {23}，父概念 2#，子概念 8#、12#				
{2, 3, 5}	1#	3#	{2}	{13#}
{2}	12#	—	—	—
{2, 3, 5}	1#	6#	{5}	{13#}
{5}	10#	—	—	—
创建 14#，外延为 {2, 3, 5}，父概念 1#，子概念 13#、10#				

3.5 基于概念格的冗余属性约简算法

3.5.1 相关定义与证明

定义 3.10 设有一个决策表为：$S = (U, C \cup D, \{V_a | a \in C \cup D\}, \{F_a | a \in C \cup D\})$，其中，$U$ 是对象的集合，C 是条件属性的集合，$C = \{C_1, C_2 \cdots C_n\}$，$D$ 是决策属性的集合，V_a 是属性 a 的值域，F_a 是从对象集合 U 到域 V_a 的映射。此外，由于 D 中包含多个决策属性时，总可将其转换成一个决策属性包含多个阈值的等价形式，为了简化目的，本书中总假设 $D = \{d\}$。令 $M = \bigcup_{a \in C \cup D} V_a$，$I = \{(u, u(a)) | u \in U, a \in C \cup \{d\}\}$，则 (U, M, I) 是决策表 S 对应的形式背景。

为了叙述方便，对于定义 3.10 的形式背景 (U, M, I)，以后统一将集合 $\bigcup_{a \in C \cup D} V_a$ 中的元素 m 称为形式背景 (U, M, I) 的属性，简称属性；将集合 $\bigcup_{a \in C} V_a$ 中的元素 m 称为条件属性，集合 $\bigcup_{a \in C} V_a$ 简写为 V_C；将集合 $\bigcup_{a \in D} V_a$ 中的元素 m 称为决策属性，集合 $\bigcup_{a \in D} V_a$ 简写为 V_D。此外，当 $V_a(a \in C)$ 与 $V_b(b \in C)$ 有公共元素时，这样的元素为不同的属性，可在其前添加不同的前缀加以区别。为了简化目的，本书假设 $V_a \cap V_b = \varnothing$，其中，$a, b \in C, a \neq b$。

定义 3.11 对于直接相连的概念 (A, B) 和概念 (A_1, B_1)，有 $(A_1, B_1) \leqslant (A, B)$，定义属性集合 $B/B_1 = \{\gamma | \gamma \in B_1 \wedge \gamma \notin B\}$ 为两概念的内涵亏值，用符号 $<B/B_1>$ 表示。例如图 3.5 中概念 2#和概念 5#的内涵亏值为 $<e>$。

定义 3.12 在一个概念格中，如果两个概念间的内涵亏值包含决策属性，即 $V_D \cap (B/B_1) \neq \varnothing$，把这两个概念间的边称为决策边，把内涵中包含决策属性的概念叫作决策概念。例如图 3.5 中加粗边的为决策边，加粗的概念为决策概念。

定义 3.13 对于概念 (A, B)，若存在原决策表中的条件属性 $C_i(C_i \in C)$，满足 $V_{C_i} \cap B = \varnothing$，则满足此条件的所有条件属性 C_i 的集合称为概念 (A, B) 相对于初始决策表的亏属性，简称亏属性，记作〖$C - B$〗。

定义 3.14 若两个对象概念 (A_1, B_1)，(A_2, B_2) 共有一个直接父概念 (A, B)，且该父概念 (A, B) 的内涵中包含决策属性（即 $V_D \cap B \neq \varnothing$），则称该公共父概念 (A, B) 为概念 (A_1, B_1)，(A_2, B_2) 的相融等价概念。

定义 3.15 若两个对象概念 (A_1, B_1)，(A_2, B_2) 共有一个父概念 (A, B)，且该父概念 (A, B) 的内涵中不包含决策属性（即 $V_D \cap B = \varnothing$），但满足 $V_D \cap B_1 \neq \varnothing \vee V_D \cap B_2 \neq \varnothing$，则称该公共父概念 (A, B) 为概念 (A_1, B_1)，

(A_2, B_2) 的相融可辨概念。

表 3.6 为一简易形式背景，其中 a、b、c 为条件属性，e 为决策属性。图 3.5 为表 3.6 对应的概念格，其中概念 3#（24，e）是相融等价概念，因为其内涵包含了决策属性 e，概念 2#（23，b）和概念 4#（134，c）为相融可辨概念，因为其内涵不包含决策属性，但是其子概念的内涵中包含了决策属性。

表 3.6 形式背景

U	a	b	c	e
1	×		×	
2		×		×
3		×	×	
4			×	×

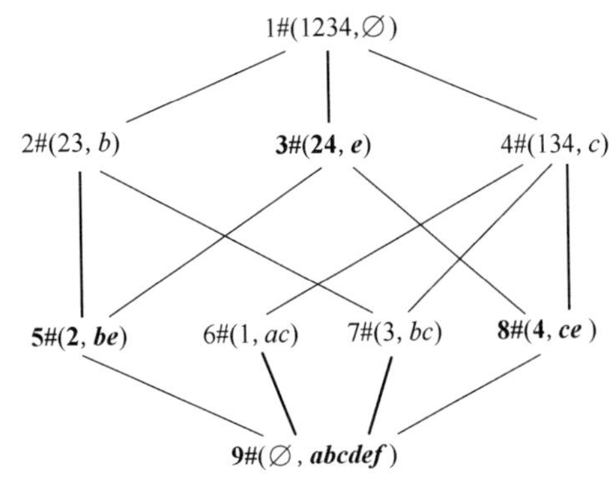

图 3.5 形式背景的概念格

定义 3.16 与对象概念 (A, B) 的内涵亏值相差 n 个条件属性的父概念称为亏 n 级概念。

由于形式背景 (U, M, I) 中，对于任一对象 u 在条件属性集合 $V_a(a \in C)$ 上只有一个取值，因此，同一个概念的内涵中不可能同时出现 $a\ (a \in C)$ 的两个以上取值，显然有 $n < |C|$（$|C|$ 表示原决策表条件属性个数）。

定理 3.1 对于 $\varphi \subseteq \bigcup_{a \in C} V_a$，$d \in \bigcup_{a \in D} V_a$，规则 $\varphi \to d$ 成立当且仅当 $g(\varphi) \subseteq g(d)$。

证明 在形式背景中，如果规则 $\varphi \to d$ 成立，那么对于任意 $m \in \varphi$ 和某个对象 u，如果都有 $(u, m) \in I$，则一定有 $(u, d) \in I$。根据映射 g 的定义有

$$g(d) = \{u \in U | (u, d) \in I\},\ g(\varphi) = \{u \in U | \forall m \in \varphi, (u, m) \in I\} \tag{3.6}$$

所以，只要有 $u \in g(\varphi)$，一定有 $u \in g(d)$，即 $g(\varphi) \subseteq g(d)$。反之定理同样成立。

定义 3.17 设有概念 (A, B) 和某一决策属性 e，若满足 $e \in B$，但不存在满足条件 $(A, B) \leqslant (C, D)$ 的概念 (C, D)，使得 $e \in D$，则称概念 (A, B) 是内涵包含决策属性 e 的最大概念。

由定义 3.17 可知，内涵包含某一决策属性 e 的最大概念是该决策属性值 e 的属性概念。

命题 3.4 如果属性或属性集合 X 是可约简的，那么 X 的子集 X'（$X' \subseteq X$）

也是可约简的；如果属性或属性集合 X 是不可约简的，那么 X 的超集 X'（$X \subseteq X'$）也是不可约简的。

属性集合 X 是可约简的是指集合 X 中的所有属性可被同时约简掉，例如 $M=\{a, b, c, d\}$，$X=\{a, b, c\}$，说明属性 a，b，c 可被同时约简掉，只剩属性 d。

定理 3.2 对于亏 n 级（$0 \leqslant n \leqslant |C|-1$）的某个相融等价概念 (A, B)，如果与其他某个概念存在亏 $n+k$（$0 \leqslant k \leqslant |C|-n$）级的相融可辨概念 (E, F)，则概念 (E, F) 的亏属性〖$C-F$〗是不可约简的。

证明 设亏 n 级（$0 \leqslant n \leqslant |C|-1$）的某个相融等价概念为 (A, B)，并与其他某个概念存在亏 $n+k$ 级的相融可辨概念 (E, F)。当 $k=0$ 时，由等价概念和可辨概念的定义可知，概念 (A, B) 的内涵 B 与其父概念 (E, F) 的内涵 F 只相差一个决策属性，设 $B/F=d$，(A, B) 是包含该决策属性值的最大概念，即 d 的属性概念，$\mu d=\{g(d), f[g(d)]\}=(A, B)$。又由概念格的定义可知，$A=g(d) \subseteq E=g(F)=g(B-d)$，于是 $g(F)=g(B-d) \not\subset g(d)$，根据定理 3.1 可知，$F \rightarrow d$ 是不成立的，也即〖$C-F$〗不能被同时约简。当 $k=1$ 时，根据定义有 $B-F=<vd>$，$v \in V_{C_i}$，同理 $(A,B)=\{g(d), f[g(d)]\}=\mu d$，$A=g(d) \subseteq E=g(F)$，$g(F) \not\subset g(d)$，$F \rightarrow d$ 也是不成立的，存在不一致的情况，于是〖$C-F$〗也不能被同时约简。$k>1$ 的情况同理可证。

定理 3.2 中的相融可辨概念 (E, F) 的亏属性不可约简，可以理解为如果去掉了这些亏属性，剩余的属性 F 是不能够确定决策属性取值的，也就是存在决策属性取值二义性问题，因此亏属性是不可约简的。

定理 3.3 如果某个亏 n 级相融等价概念 (A, B)，它与其他概念不存在亏 n 级的相融可辨概念，则概念 (A, B) 的亏属性〖$C-B$〗是可约简的。

证明 如果某个亏 n 级相融等价概念 (A, B)，它与其他概念不存在亏 n 级的相融可辨概念，这样的概念 (A, B) 有以下三种情况：

（1）概念 (A, B) 与其他概念存在相融可辨概念，但该概念的亏级大于 n；

（2）概念 (A, B) 与其他概念不存在相融可辨概念，而与其他概念存在亏 $n+k$ 级（$k>0$）的相融等价概念；

（3）混合了前两种的情况。

应关注的是，是否规则 $(B-d) \rightarrow d$ 的前件相同，但是后件不同，就是不一致的情况。对于第一种情况，概念 (A, B) 是决策概念，设 B 中决策属性为 d，由于 $\mu d=(A, B)$，有 $g(d)=A$，而 $B-d$ 又不是某个概念的内涵，有 $g(B-d)=A$，所以 $g(B-d) \subseteq g(d)$。对于第二种情况，有 $g(B-d) \subset g(d)$，于是根据定理 3.1，规则 $(B-d) \rightarrow d$ 成立，不存在不一致的情况，定理得证。

定理 3.4 初始决策表中条件属性 C 的幂集中（$2^{|C|}$ 个），除了一些包含不

可约简的属性或属性集合的元素外，其余的元素是全部可约简的属性或属性集合。

在条件属性的幂集中删除不可约简的属性或属性集合后，其余的元素是全部可约简的属性或属性集合，但元素间仍存在包含关系，需进一步处理。

3.5.2　冗余参数约简算法

基于概念格的属性约简算法不仅能够找出单个可约简的属性，还能精确找出全部同时可约简的属性集合，这是现有启发式算法所做不到的。约简算法的思想是通过概念格这种特殊的数据结构实现的，相融可辨概念到对象概念间的概念是若干层次的，而每个层次的出现就会伴随有内涵亏值，而正是因为多个层次的出现才能得到最大可约简的属性集合。

算法 3.3　求全部最大可约简的属性集。

输入：决策表 S

输出：全部最大可约简的属性集

(1)　由 S 生成对应的形式背景 K（U，M，I）

(2)　生成 K 对应的概念格 L（P，E）

(3)　计算每两个概念间的内涵亏值 wv，并将其标在对应的边上

(4)　令 DistConcept = $\{\varnothing\}$，Nred = $\{\varnothing\}$

(5)　FindDecisionEdge（theMaxConcept N，L）

(6)　For each concept $(A, B) \in$ DistConcept

(7)　　　Nred = Nred $\cup$ $[\![C-B]\!]$

(8)　Next For

(9)　For each element x In Nred

(10)　　If exist $y \in$ Nred and $y \subset x$ then

(11)　　　　Delete x from Nred

(12)　　End If

(13)　Next For

(14)　Generate Power set of condition attributes：PS

(15)　For each element x In PS

(16)　　If exist $y \in$ Nred and $y \subseteq x$ then

(17)　　　　Delete x from PS

(18)　　End If

(19)　End If

(20)　For each element x In PS

(21)　　If exist $y \in$ PS and $x \subset y$ then

```
(22)          Delete x from PS
(23)      End If
(24) Next For
(25) Output PS
```

算法 3.3 首先根据定义 3.10 将输入的决策表转换成对应的形式背景，并生成相应的概念格结构，同时计算出相邻节点间的内涵亏值（第 1~3 行）。算法 3.3 中 DistConcept 保存概念格中所有的相融可辨概念，Nred 保存不可约简的属性或属性集合。查找所有可辨概念是通过调用函数 FindDecisionEdge 来实现的，即查找引出决策边的直接父概念（第 5 行）。然后，根据定理 3.2 可知，对于集合 DistConcept 中的每一个可辨概念，其内涵的亏属性是不可约简的属性或属性集合（第 6~8 行）。而且根据定理 3.4，除了这些不可约简的属性或属性集合外，再无不可约简的属性或属性集合了。另外，在集合 Nred 中存在某元素是其他元素子集的情况，因为只要某属性不可约简，那么该属性与其他属性的并也是不可约简的，于是在 Nred 中删除是其他元素超集的元素，保留最精简部分（第 9~13 行），最后在条件属性 C 的幂集 PS 中去掉包含 Nred 中某元素的部分（第 14~19 行），此时，PS 剩余的元素即是可约简的属性或属性集合。算法的最后将 PS 中是其他元素子集的元素删除，最后的 PS 集合是最大可约简的属性集（第 20~25 行）。

算法 3.3 中查找所有相融可辨概念的算法是通过递归方式进行的，如算法 3.4 所示。

算法 3.4　查找所有引出内涵亏值包含决策属性的概念。

输入：概念格中的某个概念

输出：引出决策边的父概念

```
(1) Function FindDesisionEdge (concept N, L)
(2)     For each childconcept Cc ∈ N
(3)         If wv ∩ V_d = ∅ Then
(4)             FindDesisionEdge (Cc, L)
(5)         Else
(6)             DistConcept = DistConcept ∪ N
(7)             Exit Function
(8)         End If
(9)     Next For
(10) End Function
```

算法的输入是概念格中的最大概念，输出是所有的相融可辨概念集合 DistConcept。算法 FindDesisionEdge 中从顶节点开始自上而下递归查找概念间内涵亏值包含决策属性值的边，并将父概念记入 DistConcept 中，最终算法会得到所有的相融可辨概念。算法 3.3 和算法 3.4 易于理解、便于实现，通过二者结合可以完备地找出所有的可以约简的最大属性或属性集合，方便在各种环境中使用。

3.5.3 约简实例分析

表 3.7 为一企业决策表示例，集合 $\{a, b, c, d\}$ 是条件属性，它们有不同的取值，可以是企业生产过程中的控制参数信息，比如温度或配比情况，$\{e\}$ 是决策属性，可以是产品质量情况等，1~6 为不同时刻的生产记录抽样情况。例如，对应高炉炼铁数据集，条件属性 a、b、c、d 可以分别代表综冶强度、高炉风温、风速、煤气利用率等生产参数，决策属性 e 可以代表想要分析的目标参数，如燃料比、铁水硅含量等。每个属性的不同取值可以对应离散化后的不同分类，例如表 3.7 可以是形如表 3.8 所示的企业生产数据示例，其中高、中、低分别表示按照该参数数值大小将取值分成不同类别。

表 3.7 决策表

U	a	b	c	d	e
1	a_1	b_0	c_1	d_1	e_1
2	a_1	b_0	c_1	d_2	e_0
3	a_1	b_2	c_0	d_1	e_1
4	a_0	b_0	c_0	d_2	e_0
5	a_0	b_1	c_1	d_1	e_2
6	a_2	b_2	c_0	d_0	e_2

表 3.8 生产数据表示例

U	综冶强度	高炉风温	风速	煤气利用率	铁水硅含量
1	中	低	中	中	中
2	中	低	中	高	低
3	中	高	低	中	中
4	低	低	低	高	低
5	低	中	中	中	高
6	高	高	低	低	高

算法 3.3 首先将表 3.7 中的决策表转换成表 3.9 所示的形式背景，即将每个属性的取值都作为属性看待，用“×”表示对象具有某属性。然后生成该形式背

景对应的概念格，如图 3.6 所示。为了方便描述算法的执行情况，用“◎”表示决策概念，加粗边表示决策边，并标记出相融可辨概念至对象概念间的亏值。

表 3.9　决策表对应的形式背景

U	a_0	a_1	a_2	b_0	b_1	b_2	c_0	c_1	d_0	d_1	d_2	e_0	e_1	e_2
1		×		×				×		×			×	
2		×		×				×			×	×		
3		×				×	×			×			×	
4	×			×			×				×	×		
5	×				×			×		×				×
6			×			×	×		×					×

在图 3.6 所示的示例中，共有 9 个相融可辨概念，分别是（124，b_0）、（12，$a_1b_0c_1$）、（45，a_0）、（15，c_1d_1）、（123，a_1）、（135，d_1）、（123456，$\varnothing$）、（346，c_0）、（36，b_2c_0），图 3.6 中用带交叉线条的填充圆来表示，根据定理 3.2，这 9 个概念的内涵亏属性就是不可约简的属性或属性集合，求得亏属性分别为 {acd，d，bcd，ab，bcd，abc，$abcd$，abd，ad}，这个集合中的每个元素都

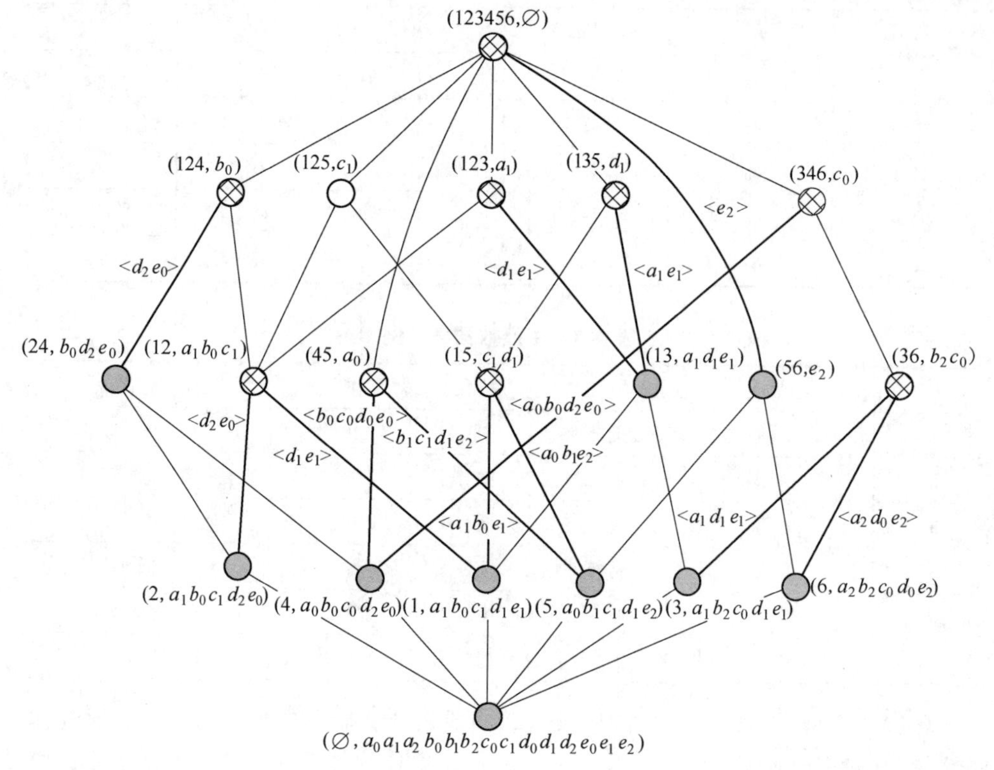

图 3.6　标记决策概念、决策边及亏值的概念格

是不可同时约简的。观察到这个集合中存在是其他元素超集的情况，因为某个属性是不可约简的，那么它的超集一定不可约简。于是，在此集合中删除是其他元素超集的元素，得到集合 $\{d, ab\}$ 是不可约简属性集合的最简化形式。

然后生成条件属性 $\{a, b, c, d\}$ 的幂集：$\{abcd, abc, abd, bcd, acd, ab, ac, ad, bc, bd, cd, a, b, c, d\}$，在此集合中删除包含不能约简属性集 $\{d, ab\}$ 的元素得 $\{ac, bc, a, b, c\}$，这个集合就是所有可约简的属性或属性集合，但不是最简的，例如属性集合 $\{ac\}$ 是可约去的，则属性 a 和 c 必是可约的。因此，再删掉是其他元素子集的元素就是最大可约简的属性集合，得到 $\{ac, bc\}$，即属性 a 和 c 是同时可约简的，属性 b 和 c 也是同时可约简的，它们的子集 $\{a, b, c\}$ 自然也是可约简的。对应表 3.8 中的示例生产数据，如果仅从给定数据来看，依据高炉风温、煤气利用率两个参数的取值就可以确定铁水硅含量的取值，不必再增加多余的参数综冶强度和风速，或者依据综冶强度和煤气利用率两个参数的取值亦可以确定目标参数的取值，而无须再增加多余的生产参数高炉风温和风速，这些参数就是冗余可约简的。只需找出影响目标参数的核心参数，而不必关注冗余参数。

3.5.4 约简算法性能比较

通过对比实验验证基于概念格的约简算法，将其与经典的分明矩阵算法相比较，实验环境为：处理器为 Intel Core 2.4GHz，内存 2GB，编程语言选用 C#. net，采用随机生成数据库，包含 10 个属性，即 $M=\{a, b, c, \cdots, j\}$，每个属性有多个取值，($V_m = \{m_1, m_2, m_3\}$, $m \in M$)，对象个数从 0 开始，每次递增 20。通过实验比较并分析算法的性能，实验结果如图 3.7 所示。

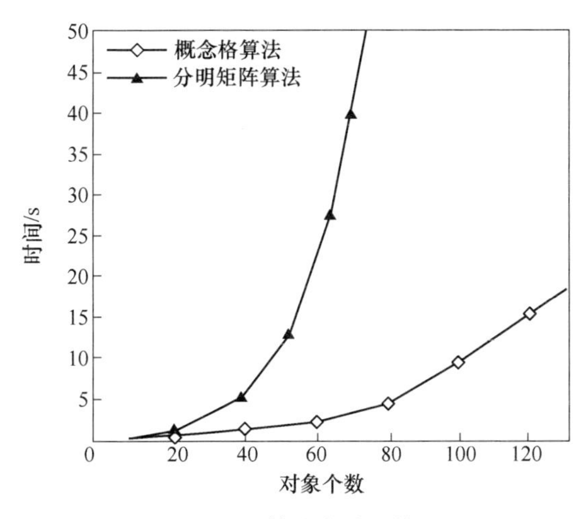

图 3.7 算法实验比较

由于传统的基于分明矩阵的算法要计算每两个对象之间具有的不同属性，并存入分明矩阵中，当对象数目很大时，不仅占用较大存储空间，而且执行效率显著下降。从图 3.7 中可以看出，随着对象数目的增大，传统的基于分明矩阵的算法执行效率下降明显；而基于概念格的算法只需在生成的概念格结构上找出相融可辨概念即可，算法实现简单，易于理解，随对象数目的增大效率曲线变化平缓，实验证明该算法较基于分明矩阵的属性约简算法具有较好的性能。

参考文献

[1] Godin R, Missaoui R, Alaoui H. Incremental concept formation algorithms based on galois (concept) lattices [J]. Computational Intelligence, 1995, 11 (2): 245-267.

[2] Bordat J P. Calcul pratique du treillis de galois d'une correspondance [J]. Mathematiques et Sciences, 1986, 96: 31-47.

[3] Hot B. An approach to concept formation based on formal concept analysis [J]. IEICE Trans Information and Systems, 1995, E78-D (5): 553-559.

[4] Chein M. Algorithm de recherche des sous-matrices premiéres d'une matrice [J]. Bull. Math. Soc. Sci. Math. R. S. Roumanie, 1969, 13: 21-25.

[5] Nourine L, Raynaud O. A fast algorithm for building lattices [C]. Workshop on Computational Graph Theory and Combinatorics. Victoria, Canada, 1999.

[6] Carpineto C, Romano G. Galois: an order-theoretic approach to conceptual clustering [C]. In: Utgoff, Ped. Proceedings of the ICML 293. Amhers: Elsevier Science Publishers, 1993: 33-40.

[7] Ganter B, Wille R. Formal concept analysis: mathematical foundations [M]. Heidelberg, Germany: Springer-Verlag, 1999.

[8] Krohn U, Davies N J, Weeks R. Concept lattices for knowledge management [J]. BT Technology Journal, 1999, 17 (4): 108-116.

[9] Kuznetsov S O. Machine learning on the basis of formal concept analysis [J]. Automation and Remote Control, 2001, 62 (10): 1543-1564.

[10] Carpineto C, Romano G. Information retrieval through hybrid navigation of lattice representations [J]. International Journal of Human-Computer Studies, 1996, 45: 553-578.

[11] Godin R, Mili H, Mineau G W, et al. Design of class hierarchies based on concept (Galois) lattices [J]. Theory and Application of Object Systems, 1998, 4 (2): 117-134.

[12] Pawlak Z. Rough Sets [M]. London, UK: Kluwer Academic Publishers, 1991.

[13] Wei Lin, Qi Jianjun, Zhang Wenxiu. Study on relationships between concept lattice and rough set [J]. Computer Science, 2006, 33 (3): 18-21 (in Chinese).

[14] Yao Y Y. Concept lattices in rough set theory [C]. Proc of the Annual Meeting of the North American Fuzzy Information Processing Society Banff. Canada, 2004: 796-801.

[15] Wang Yuanzhen, Pei Xiaobing. A fast algorithm for reduction based on skowron discernibility matrix [J]. Computer Science, 2005, 32 (4): 42-44.

[16] Hou Lijuan, Shi Changqiong. Heuristic algorithm to rough set attribute reduction based on discernibility matrix [J]. Computer Engineering and Design, 2007, 28 (18): 4466-4468.

[17] Wu Mingfen, Xu Yong, Liu Zhiming. Heuristic algorithm for reduction based on the significance of attributes [J]. Journal of Chinese Computer Systems, 2007, 28 (8): 1452-1455.

[18] Zhang Tengfei, Xiao Jianmei, Wang Xihuai. Algorithms of attribute relative reduction in rough set theory [J]. Acta Electronica Sinica, 2005, 33 (11): 2080-2083.

[19] Li Lifeng, Wang Guojun. A method to explore the reduction of concept lattice [J]. Computer Engineering and Applications, 2006, 42 (20): 147-149, 216.

[20] Hu Xuegang, Xue Feng, Zhang Yuhong, et al. Attribute reduction methods of decision table based on concept lattice [J]. PR & AI, 2009, 22 (4): 624-629.

[21] Bordat J P. Calcul pratique du treillis de galois d' une correspondance [J]. Mathematiques et Sciences, 1986, 96: 31~47.

[22] Hot B. Incremental conceptual clustering in the framework of galois lattice [C]. In KDD: Techiniques and Applications, H. Lu, H. Motoda and H. Luu (Eds), World Scientific, 1997: 49-64.

[23] Dean van der Merwe, Sergei Obiedkov, Derrick Kourie. AddIntent: a new incremental algorithm for constructing concept lattices [M]. Springer-Verlag Berlin Heidelberg, 2004.

[24] Cole R, Eklund P. Scalability in formal concept analysis [J]. Computational Intelligence, 1999, 15 (1): 11-27.

[25] Godin R, Missaouil R. An incremental concept formation approach for learning from databases [J]. Theoretical Computer Science, 1994, 133: 387-419.

[26] 李云，刘宗田，陈陵，等. 基于属性的概念格渐进式生成算法 [J]. 小型微型计算机系统，2004，25 (10): 1768-1771.

4 基于概念格约简的高炉焦比预测

中国钢铁工业的能耗约占全国总能耗的10%，炼铁系统能耗约占钢铁企业总能耗的70%~75%，而高炉炼铁工序能耗约占炼铁系统能耗的70%左右。焦比是高炉生产过程中最重要的技术经济指标之一，集中体现了高炉生产效率和能耗，建立高炉炼铁工序焦比预测模型对高炉炼铁工序节能降耗工作具有重要指导作用。影响焦比的因素相当复杂，受到现有设备条件、原燃料条件、工艺参数和所要求达到的产品质量等诸多方面的影响。国内外许多学者采用数学模型化的方法对高炉工艺过程进行了研究。但是高炉系统十分复杂，难以通过传统方法对高炉内部机理建立精确的数学模型，而智能技术的出现，为这一问题的解决提供了新的方法和契机。

本章首先通过鱼骨分析和相关分析选取和焦比相关程度较大的参数，然后借助粗糙集中的信息约简理论，并通过前一章介绍的基于概念格的属性约简算法，对选择的参数进行数据约简，消除冗余参数，获得数据核心知识。支持向量机是继神经网络之后的新一代机器学习方法，具有运算简单、收敛速度快、预测精度高等特点，所以采用支持向量机作为高炉焦比的预测模型。为了解决支持向量机人工选择参数的盲目性和随意性问题，本章采用遗传算法对支持向量机中的惩罚参数 C、不敏感损失系数 ε 、核函数的参数 σ 等进行优化，并将优化后的GA-SVM模型应用于高炉焦比预测，与此同时将其与PSO-SVM预测模型和Grid-SVM预测模型进行了对比分析，验证该算法具有较高的性能。

4.1 数据准备

特征提取和选择是模式识别的三大核心问题之一，其结果极大地影响着分类器的设计和性能。特征提取和选择的基本任务是研究如何从实际问题的众多原始特征中产生出对分类识别最有效、数目最少的特征。因此，如何设计和获取最具代表性的特征是模式识别问题的第一步，以便减少特征的维数，为后续模式识别系统中的环节做好准备。

4.1.1 鱼骨分析

在对某一复杂系统建模时，往往影响某一过程预测目标的因素众多，但各因素对目标参数的影响程度不同，有主有次。人们在建立预测模型时，大多凭借个人经验选择不同的变量，导致网络精度存在较大的差异。如果选择的输入变量不全面，漏选了重要的因素，会导致网络不收敛或精度不高。为了找出影响高炉焦比的可能因素，从现场采集的数据中提取所有可能影响焦比的因素，绘制鱼骨图，如图 4.1 所示。

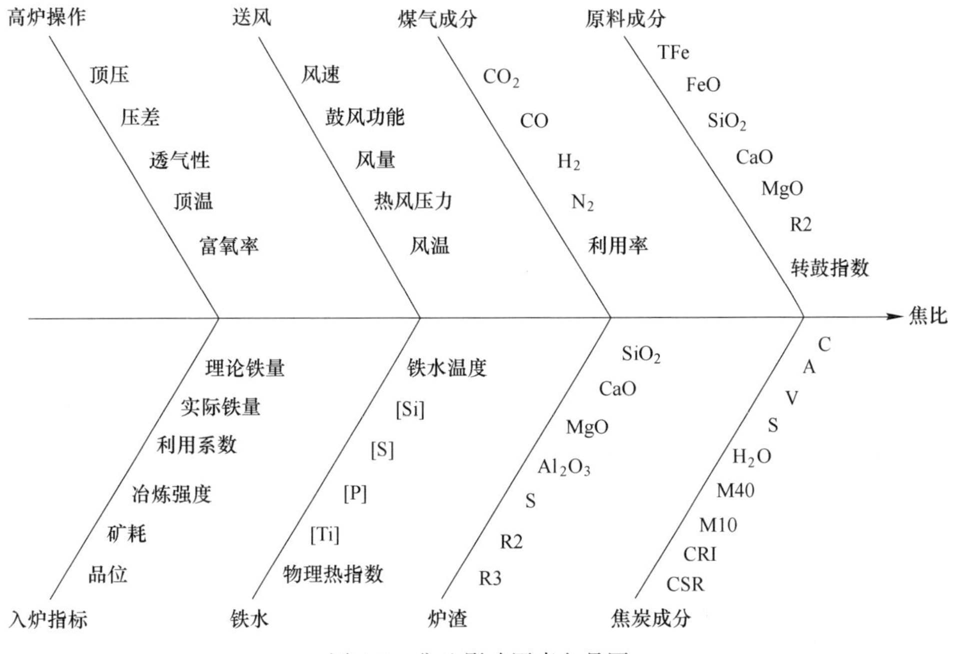

图 4.1 焦比影响因素鱼骨图

4.1.2 特征选择

在设计分类器时，特征的维数越大，分类器设计的难度越大，要求训练的样本数量也越多，如果所选择特征与分类问题关系不密切，还会影响后续分类器的性能。在鱼骨分析基础上，采用相关性来度量特征子集的好坏。运用统计学工具 SPSS 进行相关分析，并结合专家经验，选取 9 个参数，见表 4.1。

表 4.1 特征子集及相关系数

序 号	参数	相关系数
1	利用系数	-0.445
2	冶炼强度	0.848
3	铁水［S］	0.383

续表 4.1

序　号	参数	相关系数
4	风温	-0.297
5	喷煤量	-0.567
6	煤比	-0.626
7	CO	-0.328
8	M10	0.331
9	焦炭［S］	0.344

高炉焦比的特征选择子集中各参数取值区间和量纲差别很大，例如，风温的数值平均值为1236℃，而铁水含硫量（质量分数）的平均值为0.18%，如果将风温和铁水含硫量直接进行比较，因为二者数据的数量级相差过大，计算起来风温的变化会掩盖掉铁水含硫量的变化。为了能够将具有不同量纲的各指标参与评价计算，需要对指标进行规范化处理，通过函数变换将其数值映射到某个数值区间，从而使变量的分布域较为一致，不同指标具有可比性的同时，又保持了各指标参数之间的相对关系。采用式（4.1）对输入变量数据进行初始化处理，转换到［0，1］的范围：

$$X_{norm} = \frac{X - X_{min}}{X_{max} - X_{min}} \tag{4.1}$$

式中　X_{norm}——归一化后的数据；

X——原始数据；

X_{max}，X_{min}——分别为原始数据集的最大值和最小值，该方法实现对原始数据的等比例缩放。

4.2　冗余参数的约简

4.2.1　约简概念

通过鱼骨分析和相关分析在所有可能影响焦比的因素中按影响程度大小进行筛选，尽可能不遗漏重要参数，从而有效提升模型预测精度。虽然这样选取的参数对目标参数影响较为重要，但是不能保证它们之间存在冗余参数，如果存在冗余的参数，不仅数据收集工作量增大，还会带来计算量大、推广能力差等问题。因此，人们往往总是希望在保证分类能力不变的前提下用尽可能少的特征来完成分类。本章采用3.5节中介绍的基于概念格的参数约简算法，并编程对影响焦比的冗余参数进行了约简，有效提升了模型的性能和精度。

4.2.2 属性约简过程

基于概念格的焦比影响参数约简过程主要包括选择初始属性集合、离散化处理、形式背景转换、概念格生成及冗余属性约简五个步骤。

4.2.2.1 构造属性集合

将4.1节中选择的高炉焦比的影响因素作为条件属性，将高炉焦比作为决策属性，构造决策表的属性集合，有 $A=\{C\cup D\}$，其中，$C=\{$利用系数，冶炼强度，铁水［S］，风温，喷煤量，煤比，CO，M10，焦炭［S］$\}$，$D=\{$焦比$\}$，选取后的部分生产数据见表4.2。为了方便程序处理，用英文字母按顺序代替各个参数，得到：$C=\{a, b, c, d, e, f, g, h, i\}$，$D=\{j\}$。

表4.2 特征选择后的部分数据

利用系数 /t·(m³·d)⁻¹	冶炼强度 /t·(m³·d)⁻¹	铁水［S］/%	风温 /℃	喷煤量 /kg·t⁻¹	煤比 /kg·t⁻¹	CO含量 /%	M10 /%	焦炭［S］含量 /%	焦比 /kg·t⁻¹
2.40625	0.765625	0.022	1232	1244	157	24.15	6.6	0.86	318.1818182
2.465625	0.7625	0.025	1230	1268	161	24.41	6.6	0.86	309.252218
2.46875	0.7628125	0.02	1236	1289	162	25.04	6.7	0.85	308.9873418
2.428125	0.748125	0.014	1236	1249	161	24.89	6.7	0.81	308.1081081
2.4375	0.7625	0.021	1230	1231	155	24.82	6.6	0.85	312.8205128
2.469375	0.77	0.019	1237	1263	158	24.65	6.8	0.82	311.8197925
2.4578125	0.75625	0.018	1237	1284	162	24.87	6.67	0.83	307.6923077
2.41625	0.731875	0.022	1236	1282	168	24.95	6.7	0.81	302.8970512
2.4375	0.755	0.019	1237	1255	159	25.17	6.7	0.81	309.7435897
2.446875	0.74875	0.022	1237	1284	164	25.03	6.53	0.82	306.0025543

4.2.2.2 离散化处理

概念格理论只能对离散型数据进行相关处理，为了构造概念格所对应的形式背景 (U, M, I)，并利用概念格约简算法进行参数约简，需要对决策表中各个参数的连续值转换成离散值，这里采用等频离散化方法对决策表进行离散化，最终得到经处理的初始决策表，部分数据离散化结果见表 4.3。

表 4.3 部分数据离散化结果

编号	条件属性									决策属性
	a	b	c	d	e	f	g	h	i	k
1	3	3	3	3	3	3	3	3	3	3
2	2	3	2	3	3	3	3	3	3	3
3	2	2	3	2	3	3	3	3	3	2
4	1	2	2	1	1	2	3	3	3	2
5	1	1	1	3	1	2	3	3	3	2
6	1	1	2	1	1	1	3	2	3	2
7	1	1	3	1	1	2	3	2	3	3
8	1	2	3	2	1	2	3	3	3	3

4.2.2.3 决策表对应的形式背景

因为概念格处理的数据形式为二值形式，为了进一步转换成概念格约简程序接受的形式，需要将表 4.3 转换成概念格对应的形式背景，也就是二值形式的表格 (U, M, I)，其中，U 为企业收集数据的记录号，也对应概念格理论中的对象，属性 M 形如：$M = \bigcup_{a \in C \cup D} V_a$。将表 4.3 中各参数不同的属性值变成形式背景的列，$M = \{a_1, a_2, a_3, b_1, b_2, b_3, c_1, c_2, c_3, \cdots, k_1, k_2, k_3\}$，如果对象 u 在 $C_i = a$ 处取值为 V_a，则在对应的形式背景 u 行 V_a 列处填"1"，否则填"0"，即使得 $(u, V_a) \in I$，转换后的结果见表 4.4，并将转换后的形式背景导入到 SQL Server 数据库中待概念格构造程序进一步处理。

表 4.4 转换后的部分形式背景

编号	*a*			*b*			*c*			*d*			*e*			*f*			*g*			*h*			*i*			*k*		
	1	2	3	1	2	3	1	2	3	1	2	3	1	2	3	1	2	3	1	2	3	1	2	3	1	2	3	1	2	3
1	0	1	0	0	0	1	0	0	1	0	0	1	1	0	0	1	0	0	1	0	0	0	1	0	0	0	1	0	0	1
2	0	1	0	0	0	1	0	1	0	0	0	1	0	1	0	0	1	0	0	1	0	0	1	0	0	0	1	0	0	1
3	1	0	0	1	0	0	0	0	1	0	1	0	0	1	0	0	0	1	0	1	0	0	1	0	0	0	1	0	1	0
4	1	0	0	0	0	1	0	0	1	0	0	1	1	0	0	1	0	0	0	0	1	0	1	0	0	0	1	0	0	1
5	1	0	0	0	1	0	0	0	1	0	0	1	0	1	0	0	0	1	0	1	0	0	1	0	0	1	0	0	0	1
6	1	0	0	0	1	0	0	1	0	0	0	1	1	0	0	0	1	0	0	1	0	0	1	0	0	0	1	0	1	0
7	1	0	0	0	0	1	1	0	0	0	0	1	0	1	0	1	0	0	0	1	0	0	1	0	1	0	0	0	0	1
8	0	0	1	0	0	1	1	0	0	0	1	0	1	0	0	1	0	0	0	1	0	1	0	0	0	1	0	0	0	1
9	0	1	0	0	0	1	0	1	0	1	0	0	1	0	0	1	0	0	1	0	0	0	1	0	1	0	0	0	1	0

4.2.2.4 构造概念格

采用 Visual Studio 作为系统开发平台，SQL Server 作为后台数据库，编写基于概念格的构造程序，程序中概念格数据结构见表 4.5，程序首先采用基于属性的概念格生成算法构造概念格结构，经算法运算共生成 2946 个概念，程序界面如图 4.2 所示。

表 4.5 程序中概念格数据结构

概念编号	概念外延（extent）	概念内涵（intent）	父概念编号	子概念编号
50	1，5，8，9，10，31，63，64	a_1，c_3	1，62	47，136，225，869，1407，2078
51	46，47，48	a_2，b_1，c_3，j_1	6，54，1740	139，378，802
52	59	a_2，b_2，c_3，d_2，e_3，f_3，g_3，h_3，i_3，j_2	288，314，458，1050，1054，1055，1060	2
53	2，3，6，20	a_2，b_3，c_3，i_3，j_3	1423，1431，2130	382，501
54	2，3，6，20，46，47，48，59	a_2，c_3	3，62	51，106，148，287，387，1431

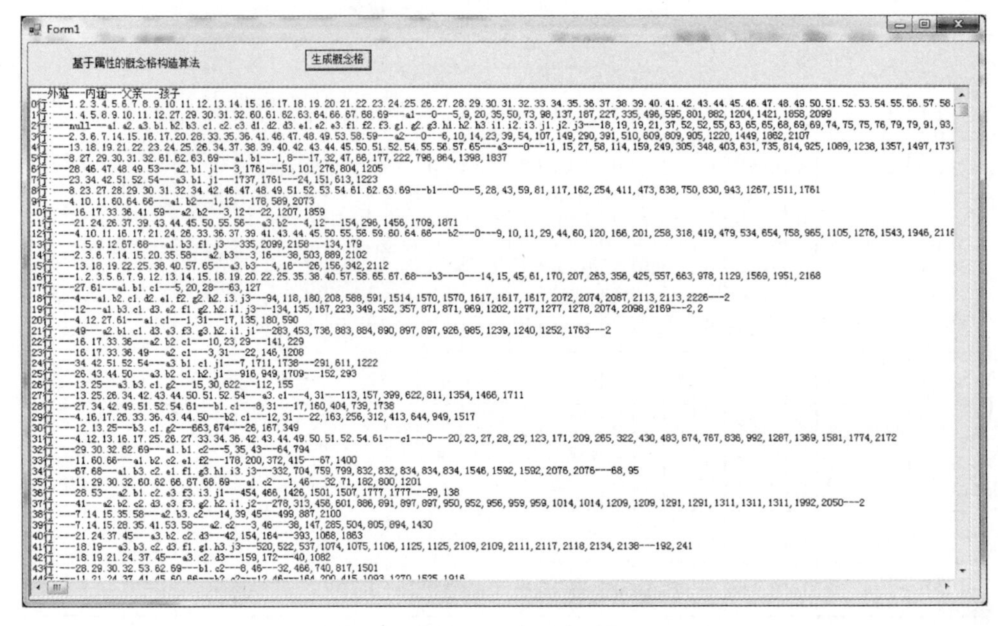

图 4.2　概念格生成程序运行界面

4.2.2.5　冗余属性约简

在生成的概念格结构基础上，编程实现概念格的多层属性约简算法，对影响焦比的 9 个参数进行冗余参数约简，通过程序运行得到：

（1）通过查找相融可辨概念，得到所有不可约简的属性集合 Nred，程序运行的部分界面截图如图 4.3 所示，然后删除是其他元素超集的属性集合后，得到不可约简的最小属性集合为：Nred = $\{a, b, ch, d, f, g, i\}$；

（2）在条件属性的幂集中删除是 Nred 中元素超集的部分，得到所有可以约简的属性集合为：PS = $\{h, e, eh, c, ce\}$；

（3）在 PS 中删除是其他元素子集的部分，得到可以约简的属性集合为 $\{eh, ce\}$；

（4）条件属性中去掉可以约简的属性集合，剩下的即为选择后的属性：$\{a, b, c, d, f, g, i\}$，$\{a, b, d, f, g, h, i\}$。

本章选择约简方案 $\{a, b, c, d, f, g, i\}$，分别对应｛利用系数，冶炼强度，铁水［S］，风温，煤比，CO，焦炭［S］｝，结果约简掉属性结合 $\{e, h\}$，分别对应喷煤量、M10 两个参数，从相关分析结果看煤比和喷煤量具有显著相关，通过本算法说明喷煤量是冗余的，而焦炭 M10 也是冗余的，最终剩余 7 个参数作为后续预测模型的输入参数。

不可同时约简的属性集合
defghi.efghi.efg.defgi.defg.defghi.defg.cfhi.chi.cf.cefghi.cefgi.cdh.cdhi.cdfh.cdfhi.cghi.cdhi.cdi.cdgi.cdg.cdghi.cdefg.cdefg
.cdefgh.cdefghi.i.dghi.cd.cdi.cdgh.cd.cdghi.cefi.cdefi.cdefghi.befghi.bdgh.bdfi.bdefi.bh.bhi.bfi.bh.bfh.bfhi.bdghi.bdfi.bdh.
bdfhi.bdfgh.bdfghi.befgi.bhi.befghi.bdhi.bdi.bdefg.bdefgi.befgh.bdefgh.bdefghi.bch.bchi.bcfh.bcfhi.bcfg.bcfgi.bcgh.bcfg
h.bcfghi.bcefhi.bcefgh.bcef.bcfgh.bcfh.bcfg.bcfhi.bcfh.bcefi.bcefhi.bcefgi.bcefghi.bcd.bcdh.bcdhi.bcdg.bcdgh.bcdghi.bcd
h.bcd.bcdf.bcdfh.bcdfhi.bcdfg.bcdfgi.bcdgh.bcdfg.bcdfgh.bcdfghi.bcd.bcdgh.bcdfi.bcdeghi.bcdegi.bcdefhi.bcdef.bcdefi.
bcdefhi.bcdefg.bcdefgi.bcdefgh.bcdefgh.bcdefghi.bcdefghi.defghi.dghi.dhi.dgh.cdefgh.cdefghi.defhi.defgi.defghi.cdfhi.c
fhi.cdi.cdefhi.cdefgi.cdefghi.befghi.bghi.befg.bghi.bh.bfi.bfgh.befi.befgh.bdgi.bdgh.bdfg.befhi.bdefi.bdefgi.bdefgi.bdefg.
bdefghi.bhi.befg.befghi.bfghi.bghi.befgi.bdfhi.bdhi.bdfg.bdeghi.bdefgh.bdefg.bcefghi.bcghi.bcgi.bcgh.bcefghi.bcghi.bcg
i.bcghi.bchi.bcg.bcg.bcfhi.bcfh.bcfhi.bcfg.bcfgh.bcfg.bcghi.bci.bcgh.bcei.bceg.bcegh.bce.bcefhi.bcefi.bcefh.bcefgi.bcefg.
bcefgh.bcefh.bcefg.bcdfghi.bcdghi.bcd.bcdgi.bcdg.bcdfgi.bcdfh.bcdhi.bcdhi.bcdh.bcdgi.bcdg.bcdgh.bcdg.bcdghi.bcde.b
cdehi.bcdehi.bcdegh.bcdegh.bcdeg.bcdeghi.bcefhi.bcefh.bcdef.bcdefh.bcdefhi.bcdefh.bcdefh.bcdef.bcdefgi.bcdefg.bcd
efg.bcdefg.bcdefgh.bcdefgh.bcdefg.eghi.f.efg.efghi.cghi.cfhi.cfhi.g.cfgh.cfghi.ceghi.chi.ceghi.cefhi.cfhi.cefh.cefhi.cefgh.c
efg.cefgh.cefghi.d.dg.chi.cdhi.cdfhi.cdfghi.cdefg.cdefghi.defhi.ghi.ef.efg.efgh.efghi.cgh.ch.cg.cehi.cegi.cefhi.cfi.cefi.cef.ce
fh.cfgi.cefg.cefgi.cefgh.cefghi.cdghi.cdeghi.cdefghi.befghi.befgi.befgh.beghi.beh.bfhi.befhi.befgh.befghi.bdhi.bdehi.bde
ghi.bdfhi.bdehi.bdefhi.bdefh.bdefgi.bdefgh.bdefgh.bdefghi.bghi.b.bgi.befg.befgi.befgh.befgh.befghi.bdghi.bdef.bdefg.b
defgh.bdefghi.bchi.bch.bgi.bei.b.beg.bc.bci.bcf.bcfhi.bcg.bcfg.bcgi.bch.bcghi.bcfhi.bcfi.bcfi.bcfgi.bcfgh.bcfghi.bch.bcegi.
bcg.bceg.bcgh.bcegh.bcehi.bceh.bcehi.bcegh.bceghi.bcefi.bcef.bcefh.bcefh.bcefhi.bcefhi.bcefhi.bcefgi.bcefg.bcefg.bcef
g.bcefgi.bcefgh.bcefgh.bcefgh.bcefghi.bcdhi.bcdfhi.bcdh.bcdhi.bcdgi.bcdgh.bcdghi.bcdfi.bcdf.bcdfgi.bcdfgh.bcdfgh.bcd
fghi.bcdehi.bcdegh.bcdeghi.bcdefhi.bcdefhi.bcdefgi.bcdefg.bcdefg.bcdefgh.bcdefgh.bcdefgh.bcdefghi.aefghi.aefhi.aefh.
adeghi.adefhi.adefh.adefghi.adefghi.adefhi.adefi.adefh.adefgi.adefgh.adefg.aegi.afh.aefgh.aefghi.adfhi.afhi.adfh.adf.adei.
adeghi.adeghi.adefhi.adefgi.adefgh.adefghi.acefghi.acegi.acegh.acefgi.acefgh.acfghi.acegh.aceg.aceghi.acefghi.acefghi.
aceghi.acehi.acegi.aceghi.acehi.acegi.acegh.acefhi.acefhi.acefh.acefgh.acdfi.acdfh.acdfhi.acdfg.acdfgi.acdfgh.acdfghi.acd
eh.acdegi.acdeg.acdegh.acdei.acdeg.acdegi.acdegi.acdegh.acdegh.acdeghi.acdefi.acdefhi.acdefhi.acdefi.acdef.acdefi.acd
efh.acdefh.acdefg.acdefgi.acdefgi.acdefgh.acdefghi.aefghi.afghi.af.afghi.afh.aeghi.aehi.aegi.aei.aegh.aefhi.aefi.aefgi.aefg
h.adfghi.adghi.ade.adeghi.adefgi.aefgi.aeh.aeghi.aefh.aefhi.aefgh.aefghi.adfgi.adfghi.adeh.adehi.adeg.adegh.adeghi.ade
fg.adefgh.adefgh.adefghi.adefghi.aeghi.ad.adg.aef.achi.acefgh.acghi.achi.acg.acfi.acfhi.acfg.acfghi.acg.acghi.acfhi.acfi.acf

图 4.3　程序运行后的部分结果

4.3　网格搜索算法优化 SVM

本章将概念格约简算法与遗传优化结合起来，建立基于概念格和遗传算法优化 SVM 的焦比预测模型（CON-GA-SVM）。从国内某钢厂 3200m^3 高炉现场采集的数据中，选取连续的 89 条数据，为了验证算法的有效性，选取其中 69 条作为模型的训练数据，选取 20 条作为测试数据，采用 3.5 节中介绍的约简算法对冗余参数进行约简，将约简后的 7 个参数作为模型的输入参数，焦比作为输出参数，并采用 CON-GA-SVM、PSO-SVM 和 Grid-SVM 三种预测方法，实现了焦比预测分析和优化过程。

4.3.1　网格搜索算法优化 SVM

网格搜索（Grid Search）是一种最基本的参数优化算法，该算法首先在一定的空间范围内按照规定的步长对待搜索的参数进行划分网格，然后通过遍历网格中所有的点来寻找最优参数，即将每次获取的参数组带入系统中验证其性能，最终取使系统性能达到最优的参数组作为寻优结果，这种方法在寻优区间足够大且步长足够小的情况下可以找出全局最优解。尽管最优解可能分布在一个比较小的区间内，但因为事先并不了解最优解分布情况，所以仍然需要遍历网格内所有的参数组合，这无疑增加了系统额外的时间开销，增加了计算量。

表4.6中列出了程序采用的参数设置，惩罚参数 C 的变化范围为：$[2^{C_{min}}, 2^{C_{max}}]$，取值 $C_{min}=-8$，$C_{max}=8$，即惩罚参数 C 的范围是 $[2^{-8}, 2^{8}]$。C_{step} 是 C 的步长大小，$C_{step}=1$，即 C 的取值为：$2^{C_{min}}$，$2^{C_{min}+C_{step}}$，…，$2^{C_{max}}$。

RBF 核参数 γ 的变化范围：$[2^{\gamma_{min}}, 2^{\gamma_{max}}]$，取值 $\gamma_{min}=-8$，$\gamma_{max}=8$，即默认 RBF 核参数 γ 的范围是 $[2^{-8}, 2^{8}]$，γ_{step} 为 γ 的步长大小，取值为1，γ 的取值为：$2^{\gamma_{min}}$，$2^{\gamma_{min}+\gamma_{step}}$，…，$2^{\gamma_{max}}$。

不敏感损失参数 ε 的取值范围设置为［0.01，1］，每次增长步长设置为0.01。

表 4.6　网格搜索参数设置

参数设置	最小值		最大值		步长
	变量	取值	变量	取值	
C	$2^{C_{min}}$	$C_{min}=-8$	$2^{C_{max}}$	$C_{max}=8$	$C_{step}=1$
γ	$2^{\gamma_{min}}$	$\gamma_{min}=-8$	$2^{\gamma_{max}}$	$\gamma_{max}=8$	$\gamma_{step}=1$
ε	ε_{min}	0.01	ε_{max}	$\varepsilon_{max}=1$	$\varepsilon_{step}=0.01$

4.3.2　实验分析

为了测试基于遗传算法优化 SVM 预测模型的预测效果，采用普通网格寻优的方法，对同一组训练数据和验证数据进行训练仿真，具体参数设置采用4.3.1节中介绍的，得到最优参数为：$C=8$，$\gamma=0.0313$，$\varepsilon=0.01$，预测结果见表4.7。

表 4.7　Grid-SVM 算法预测结果及误差

序号	入炉焦比实际值 /kg · t^{-1}	入炉焦比预测值 /kg · t^{-1}	预测误差	
			绝对误差	相对误差/%
1	309.0189	308.8602	0.1587	0.0514
2	307.3038	306.9556	0.3482	0.1133
3	302.7848	302.7625	0.0223	0.0074
4	307.1795	307.0799	0.0996	0.0324
5	305.3328	305.3699	0.0370	0.0121
6	304.9936	304.9698	0.0238	0.0078
7	307.4657	307.6756	0.2098	0.0682
8	305.0076	305.2618	0.2542	0.0833
9	303.5189	303.6863	0.1675	0.0552
10	305.4452	305.4758	0.0305	0.0100

续表4.7

序号	入炉焦比实际值 /kg · t^{-1}	入炉焦比预测值 /kg · t^{-1}	预测误差	
			绝对误差	相对误差/%
11	307.3526	307.7572	0.4047	0.1317
12	305.0626	304.9483	0.1144	0.0375
13	305.149	305.7007	0.5517	0.1808
14	315.2703	314.4322	0.8381	0.2658
15	312.9963	311.7735	1.2228	0.3907
16	311.02	310.7602	0.2598	0.0835
17	311.8863	311.678	0.2083	0.0668
18	307.8091	307.6613	0.1478	0.0480
19	308.2174	307.9815	0.2360	0.0766
20	301.5094	301.1939	0.3155	0.1046

计算测试样本的平均相对误差和平均绝对误差，平均相对误差达到0.0914%，平均绝对误差达到0.2825，预测数据拟合曲线如图4.4所示。

$$\mathrm{MAE} = \frac{1}{l}\sum_{i=1}^{l}|f(x_i) - y_i| = \frac{1}{l}\sum_{i=1}^{l}|e_i| \tag{4.2}$$

$$\mathrm{MAPE} = \frac{1}{l}\sum_{i=1}^{l}\left|\frac{f(x_i) - y_i}{y_i}\right| \times 100\% \tag{4.3}$$

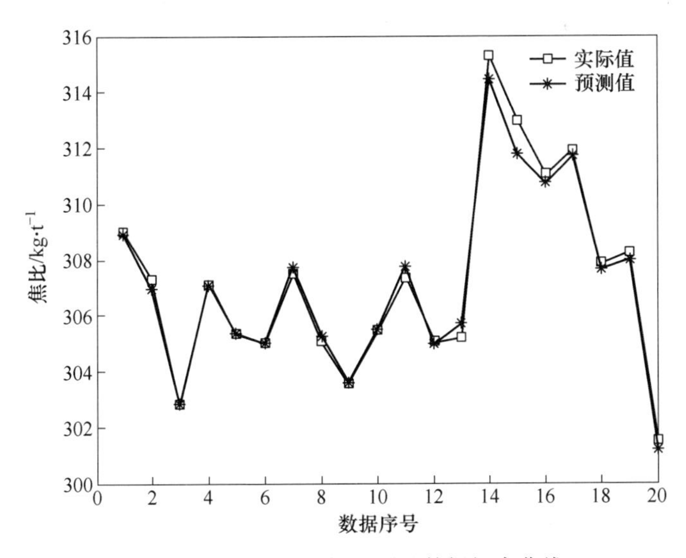

图4.4 Grid-SVM 算法测试数据拟合曲线

4.4　粒子群优化 SVM

4.4.1　粒子群优化 SVM

4.4.1.1　参数设置

采用标准粒子群优化算法对支持向量机参数进行寻优，相关参数设置为：$c_1 = c_2 = 2$，最大迭代次数为 100，种群规模设置为 30，$w_{max} = 0.9$，$w_{min} = 0.4$，收缩因子设置为 0.729，参数 C、γ 和 ε 的取值范围分别设置为［0.01，100］、［0.01，100］和［0.01，1］，每个粒子的适应度函数仍为样本数据的均方根误差。由于粒子群算法可以直接处理实数值，因此编码方式采用实数编码。

4.4.1.2　运算流程

采用粒子群优化算法优化 SVM 参数的焦比预测流程图如图 4.5 所示。

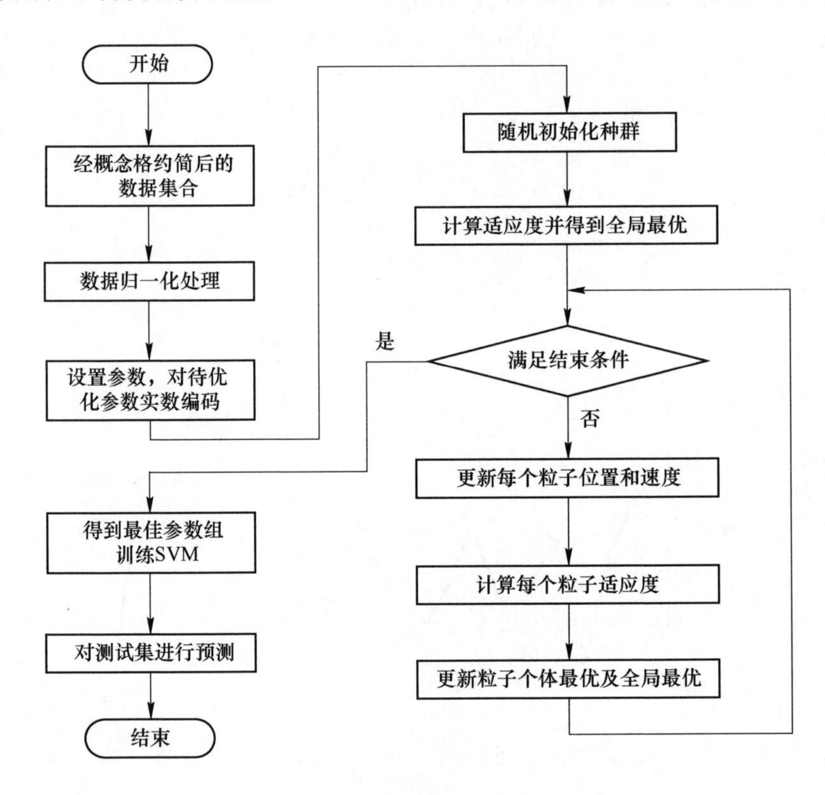

图 4.5　PSO 优化 SVM 参数流程图

下面给出粒子群优化算法优化 SVM 参数的执行步骤。

步骤 1：组织经过概念格约简之后的数据集，并对条件属性和决策属性进行归一化处理。

步骤 2：初始化相关参数，包括种群规模 N，最大迭代次数，学习因子 c_1，c_2，惯性权重 w，收缩因子χ，粒子最大飞行速度 v_{max} 等。

步骤 3：在参数 C、γ 和 ε 的取值范围内随机初始化所有粒子的位置和速度。

步骤 4：将每个粒子作为参数带入 SVM 进行训练，计算每个粒子的训练误差作为适应值，并更新个体最优位置 p_i 和全局最优位置 p_g 。

步骤 5：判断算法是否满足终止条件，满足转步骤 8；否则继续执行。

步骤 6：根据公式（2.30）和公式（2.31）更新每个粒子的速度和位置。

步骤 7：计算粒子适应值，如果粒子的适应值优于 p_i 的适应值，则更新 p_i 为当前粒子的位置；如果粒子适应值优于 p_g ，则更新 p_g 为当前粒子的位置，转步骤 5。

步骤 8：停止计算，输出全局最优值 p_g 作为支持向量机最佳参数组，并训练支持向量机预测模型。

步骤 9：输入测试数据集对焦比进行预测，得到预测结果，算法结束。

4.4.2 实验分析

采用 PSO-SVM 预测模型经 SVM 参数优化和训练后，对高炉焦比测试样本进行预测，得到焦比实际值、焦比预测值和预测误差，见表 4.8。

表 4.8 PSO-SVM 算法预测结果及误差

序号	入炉焦比实际值 /kg·t^{-1}	入炉焦比预测值 /kg·t^{-1}	预测误差	
			绝对误差	相对误差/%
1	309.0189	308.8238	0.1951	0.0631
2	307.3038	307.0076	0.2962	0.0964
3	302.7848	302.5194	0.2654	0.0877
4	307.1795	307.0726	0.1069	0.0348
5	305.3328	305.3081	0.0247	0.0081
6	304.9936	304.9345	0.0591	0.0194
7	307.4657	307.5378	0.0721	0.0234
8	305.0076	305.1713	0.1637	0.0537
9	303.5189	303.4916	0.0273	0.0090

续表 4.8

序号	入炉焦比实际值 /kg · t^{-1}	入炉焦比预测值 /kg · t^{-1}	预测误差	
			绝对误差	相对误差/%
10	305.4452	305.3712	0.0740	0.0242
11	307.3526	307.6899	0.3373	0.1097
12	305.0626	305.0802	0.0176	0.0058
13	305.149	305.5871	0.4381	0.1436
14	315.2703	314.5901	0.6802	0.2157
15	312.9963	312.1841	0.8122	0.2595
16	311.02	310.8476	0.1724	0.0554
17	311.8863	311.6889	0.1974	0.0633
18	307.8091	307.7291	0.0800	0.0260
19	308.2174	308.0911	0.1263	0.0410
20	301.5094	300.9953	0.5142	0.1705

计算预测结果的平均相对误差和平均绝对误差，平均绝对误差达到0.233009，平均相对误差达到0.0755%，具有很高的预测精度。采用PSO-SVM模型的实际数据和预测数据拟合曲线如图4.6所示。

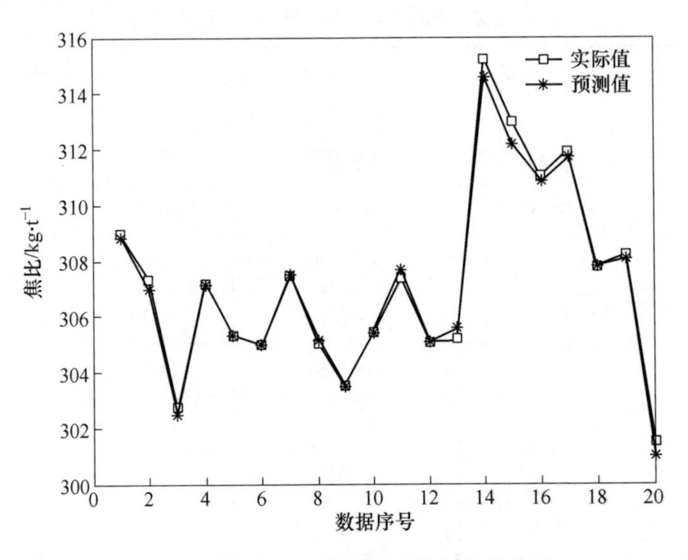

图 4.6　PSO-SVM 算法测试数据拟合曲线

4.5 遗传算法 SVM 参数优化

为了验证算法 CON-GA-SVM 预测模型的预测性能，将其与前面介绍的粒子群优化 SVM 预测模型（PSO-SVM）和网格优化 SVM 预测模型（Grid-SVM）进行对比，实验采用相同训练数据和验证数据，得到不同的预测结果。

4.5.1 遗传算法优化 SVM

4.5.1.1 参数设置

对 SVM 三个参数 C、γ 和 ε 进行遗传优化，设置种群规模为 30，编码方式采用二进制编码，每个染色体长度为 60，代表三个参数的取值，染色体编码形式见表 4.9。参数 C、γ 和 ε 的取值范围分别设置为 [0, 100]、[0, 100] 和 [0, 1]，每个染色体的适应度函数为样本数据的均方根误差。从种群中按照染色体适应度排序方式构造子群，交叉概率设为 0.7，变异概率采用默认值，迭代次数设置为 100，从而建立基于遗传算法的 SVM 参数优化过程。

表 4.9 染色体编码形式

C 编码	γ 编码	ε 编码
0 1 0 1 1 0 1 1 0 …	1 1 0 0 0 1 0 1 0 …	1 1 0 0 0 1 0 0 0 …

4.5.1.2 计算步骤

步骤 1：组织经过概念格约简之后的数据集，并对条件属性和决策属性进行归一化处理，选择支持向量机参数的编码方式。

步骤 2：对遗传算法的运行参数按 4.5.1.1 节中的设置进行初始化。参数包括种群规模、交叉概率、变异概率以及最大进化次数。

步骤 3：在（C, γ, ε）三个变量取值范围内，随机产生 30 组参数作为初始群体，经过编码转换代入 SVM，并按适应度函数计算其适应度值。

步骤 4：判断是否满足遗传运算的终止条件，满足则得到支持向量机最佳参数组（C, γ, ε），并通过训练数据集训练 SVM 模型，转步骤 9；不满足则继续执行。

步骤 5：按照染色体适应度排序方式进行选择操作。

步骤 6：按交叉概率对选择后的种群执行交叉操作。

步骤 7：按变异概率对经过选择和交叉操作的种群执行变异操作。

步骤 8：经编码转换并带入 SVM 训练，计算步骤 7 得到的子种群中每个个体的适应值，并记录最优个体适应值，转步骤 4。

步骤 9：输入测试数据集到训练好的 SVM 模型对焦比进行预测，得到预测结果，算法结束。

4.5.1.3　运算流程

采用遗传算法优化 SVM 参数的运算流程图如图 4.7 所示。

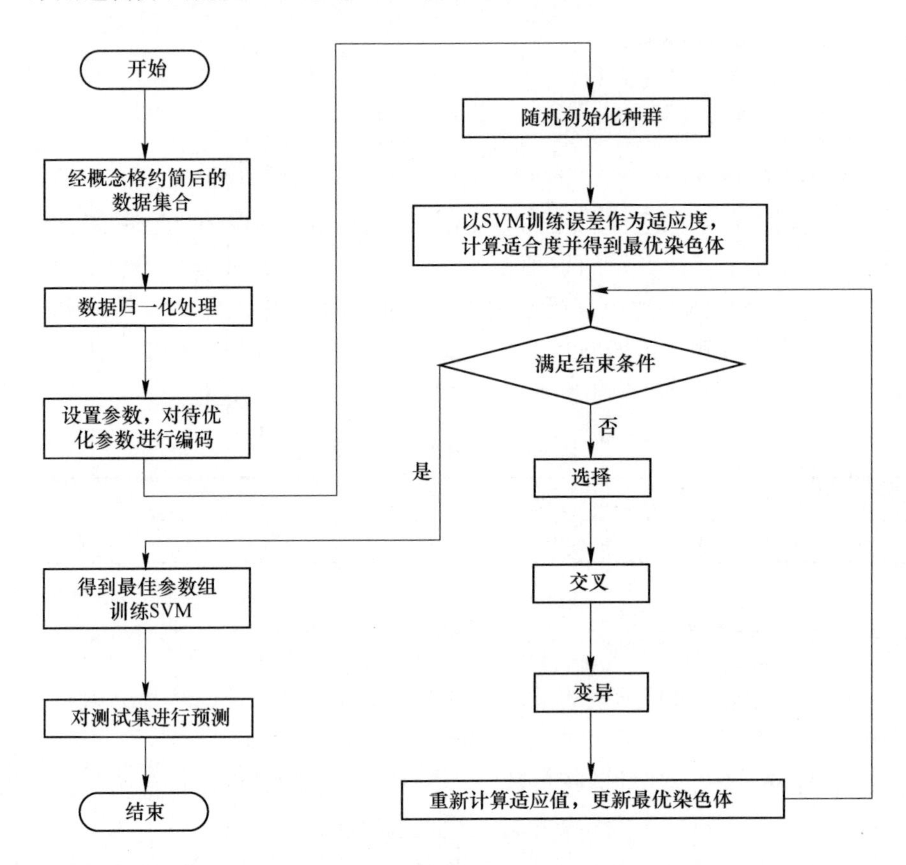

图 4.7　GA 优化 SVM 参数流程图

4.5.2　CON-GA-SVM 实验分析

采用遗传算法对支持向量机参数进行寻优，种群最优适应值和平均适应值进化过程如图 4.8 所示。在迭代 35 次时算法收敛于全局最优值，得到最佳参数组：$C=97.1809$，$\gamma=0.0021935$，$\varepsilon=0.0101$，交叉检验均方根误差为：CVMSE = 6.5393×10^{-5}。采用最优参数组训练 SVM 模型，并对训练数据进行拟合，拟合曲线如图 4.9 所示，从图中可以看出预测值和实际值拟合很好。

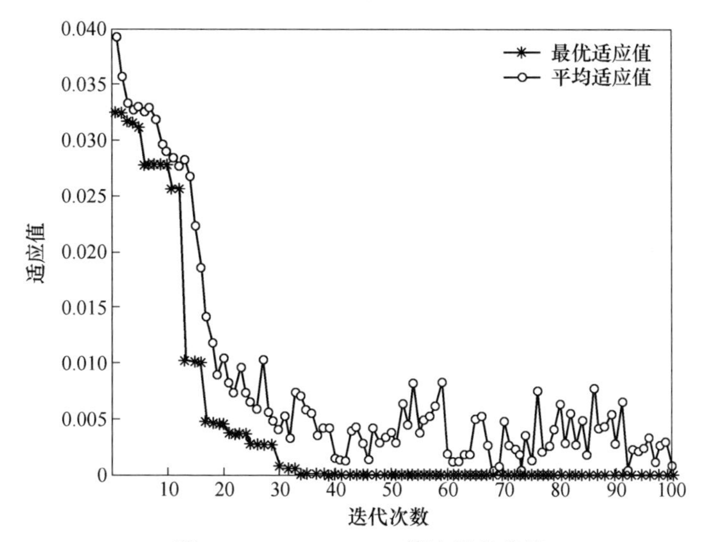

图 4.8 CON-GA-SVM 算法进化曲线

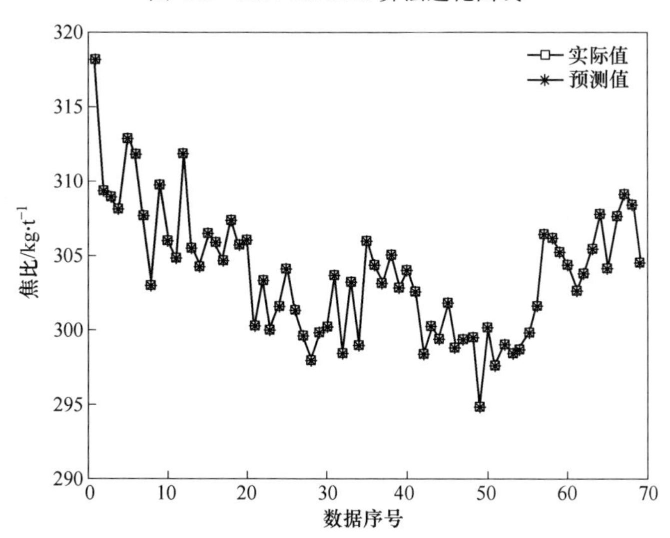

图 4.9 训练数据拟合曲线

采用最佳参数组训练 SVM 后的模型对连续的 20 条生产数据进行预测，得到的预测结果见表 4.10，其中，预测误差采用绝对误差和相对误差。

表 4.10 CON-GA-SVM 算法预测结果及误差

序号	入炉焦比实际值 /kg · t^{-1}	入炉焦比预测值 /kg · t^{-1}	预测误差	
			绝对误差	相对误差/%
1	309.0189	308.7376	0.2014	0.0652
2	307.3038	306.9949	0.2697	0.0878

续表 4.10

序号	入炉焦比实际值 /kg · t^{-1}	入炉焦比预测值 /kg · t^{-1}	预测误差	
			绝对误差	相对误差/%
3	302.7848	302.8752	0.2547	0.0841
4	307.1795	307.0803	0.0864	0.0281
5	305.3328	305.4365	0.0222	0.0073
6	304.9936	305.0215	0.0516	0.0169
7	307.4657	307.5103	0.0522	0.0170
8	305.0076	305.0419	0.0137	0.0045
9	303.5189	303.6051	0.0976	0.0322
10	305.4452	305.4580	0.0951	0.0311
11	307.3526	307.6705	0.3622	0.1178
12	305.0626	305.1921	0.0012	0.0004
13	305.1490	305.6549	0.4408	0.1445
14	315.2703	314.8085	0.5348	0.1696
15	312.9963	312.2928	0.6708	0.2143
16	311.0200	310.9958	0.0467	0.0150
17	311.8863	311.8063	0.1683	0.0540
18	307.8091	307.7577	0.1235	0.0401
19	308.2174	308.0921	0.1602	0.0520
20	301.5094	301.3192	0.6978	0.2314

为了进一步验证测试样本的总体测试误差，分别计算测试数据的平均绝对误差和平均相对误差绝对值。

预测结果的平均相对误差达到0.0707%，平均绝对误差达到0.2175，模型具有很高的精度，能够满足高炉实际需要，为了更加直观地进行实际值和预测值的对比，绘制拟合曲线，如图4.10所示。从图中可以看出除了个别几个点实际值和预测值有微小误差外，其他点基本吻合。

4.5.3 算法性能比较分析

采用均方误差（MSE）和平方相关系数（r^2）作为不同预测模型预测精度的度量指标，MSE的值越小，说明预测模型描述实验数据具有更好的精确度，r^2越大说明实际值和预测值之间的相关程度越高。

$$\mathrm{MSE} = \frac{1}{l}\sum_{i=1}^{l}\left[f(x_i) - y_i\right]^2 \tag{4.4}$$

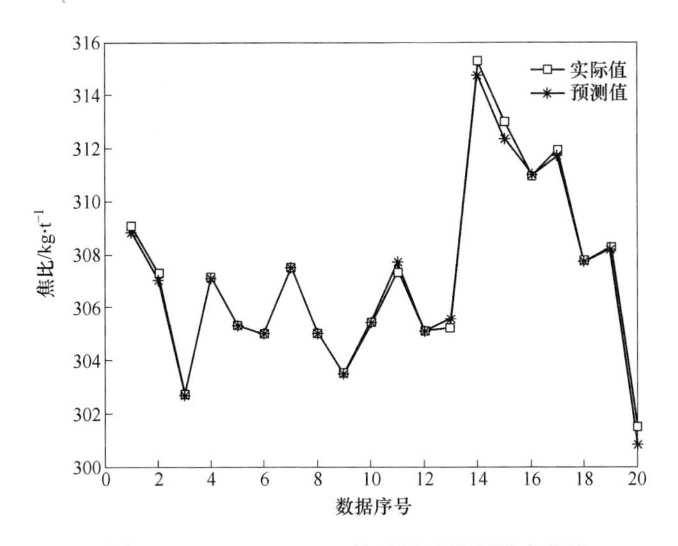

图 4.10 CON-GA-SVM 算法测试数据拟合曲线

$$r^2 = \frac{\left[l\sum_{i=1}^{l} f(x_i)\,y_i - \sum_{i=1}^{l} f(x_i)\sum_{i=1}^{l} y_i\right]^2}{\left\{l\sum_{i=1}^{l} f(x_i)^2 - \left[\sum_{i=1}^{l} f(x_i)\right]^2\right\}\left[l\sum_{i=1}^{l} y_i^2 - \left(\sum_{i=1}^{l} y_i\right)^2\right]} \tag{4.5}$$

表 4.11 列出三种方法对 SVM 的惩罚参数 C、核参数 γ 和 ε 的优化结果及算法性能比较。在训练误差方面，CON-GA-SVM 预测模型的训练误差最小，其次为 PSO-SVM，而网格寻优算法训练误差最大；从 r^2 来看，三者对训练数据的拟合程度都很高，但网格寻优较其他两种算法次之；从运行时间来看，Grid-SVM 执行时间最长，而粒子群算法执行时间最短，CON-GA-SVM 算法与 PSO-SVM 相差不大；所以，通过实验结果可以得出结论：网格寻优算法不但训练误差大而且执行时间长，不如启发式算法的寻优性能。

表 4.11 不同算法训练结果及性能对比

焦比预测模型	参数 C	参数 γ	参数 ε	CVMSE	r^2	运行时间 /s
CON-GA-SVM	97.1809	0.0021935	0.0101	0.6539×10^{-4}	0.9991	16
PSO-SVM	18.7452	0.01	0.01	1.0317×10^{-4}	0.9991	15
Grid-SVM	8	0.0313	0.01	1.5115×10^{-4}	0.9987	29

将 CON-GA-SVM 预测模型、PSO-SVM 预测模型和 Grid-SVM 预测模型的预测性能进行对比研究，表 4.12 列出了三种方法的平均绝对误差（MAE）、平均相对误差绝对值（MAPE）和 r^2。从表中可以看到三种算法的预测误差呈递增趋势，

CON-GA-SVM 预测模型预测误差最小，Grid-SVM 预测误差最大；从预测数据的 r^2看得出相同的结论，CON-GA-SVM 模型预测值和实际相关程度最大。

表 4.12 不同算法预测性能比较

焦比预测模型	预测误差		r^2
	平均绝对误差	平均相对误差/%	
CON-GA-SVM	0.2175	0.0707	0.996
PSO-SVM	0.2330	0.0755	0.994
Grid-SVM	0.2825	0.0914	0.991

表 4.13 中列出了不同算法的预测命中率，绝对精度在不同范围内变化时，CON-GA-SVM 预测模型的命中率最高。当焦比精度在±0.3 范围内时，预测命中率为 75%，在±0.5 范围内时，预测命中率为 85%，在±0.7 范围内时，预测命中率达到 100%，预测命中率优于 Grid-SVM 和 PSO-SVM 模型。通过在相同数据集上的对比实验，说明 CON-GA-SVM 算法的预测精度优于其他两种算法，可应用于企业实际生产环境。

表 4.13 不同焦比预测模型精确度比较

焦比预测模型	精度（绝对精度）	预测命中率/%
CON-GA-SVM	±0.7	100
	±0.5	85
	±0.3	75
PSO-SVM	±0.7	95
	±0.5	85
	±0.3	75
Grid-SVM	±0.7	90
	±0.5	85
	±0.3	70

参 考 文 献

[1] 张寿荣．炼铁系统节能——我国钢铁工业 21 世纪技术进步的重点［J］. 钢铁，2005，40（5）：1-4.

[2] 张春霞，齐渊洪，严定鎏，等．中国炼铁系统的节能与环境保护［J］. 钢铁，2006，41（11）：1-5.

[3] 张玉柱，胡长庆．炼铁节能与工艺计算［M］. 北京：冶金工业出版社，2002.

[4] 杨天钧，高斌，卢虎生，等．高炉焦比目标优化模型应用及结果分析［J］. 北京科技大

学学报，2001，23（4）：305-307.

［5］Rasul M G，Tanty B S，Mohanty B. Modeling and analysis of blast furnace performance for efficient utilization of energy［J］. Applied Thermal Engineering，2007，27（1）：78-88.

［6］Hiroshi Nogami，Mansheng Chu，Jun-ichiro Yagi. Multi-dimensional transient mathematical simulator of blast furnace process based on multi-fluid and kinetic theories［J］. Computer and Chemical Engineering，2005，29（11-12）：2438-2448.

［7］张琦，姚彤辉．高炉炼铁过程多目标优化模型的研究及应用［J］. 东北大学学报（自然科学版），2011，32（2）：270-273.

［8］Mehrotra S P，Nand Y C. Heat balance model to predict salamander penetration and temperature profiles in the sub-hearth of an iron blast furnace［C］. ISIJ international，1993（8）：839-846.

［9］张学工．模式识别［M］. 北京：清华大学出版社，2010.

［10］余正涛，郭剑毅，毛存礼．模式识别原理及应用［M］. 北京：科学出版社，2014.

［11］孙即祥．现代模式识别［M］. 北京：高等教育出版社，2008.

［12］杨凯，马垣，张小平．基于属性的概念格快速渐进式构造算法［J］. 计算机应用与软件，2006，23（12）：109-112.

［13］Liu Xianglou，Jia Dongxu，Li Hui. Research on kernel parameter optimization of support vector machine in speaker recognition［J］. Science Technology and Engineering，2010，10（7）：1669-1673.

［14］吴皓莹，程晶，范凯．基于 SVM 的语音特征提取及识别模型研究［J］. 武汉理工大学学报（交通科学与工程版），2014，38（2）：316-319.

5 基于改进粒子群的铁水硅含量稳定性分析

高炉冶炼是一个极其复杂的过程，这个过程中包含着诸多物理化学变化。各冶炼参数之间存在较高的耦合性，铁水产品的质量参数与冶炼参数之间存在较高的非线性，铁水硅含量是高炉生产过程中的一个非常重要的指标，它不仅能够衡量高炉产品质量，同时还能够反映高炉内的热状态，因此，实时掌握铁水中的硅含量及其变化的趋势，做出精确预报，对于判断炉温走势，指导炉温调控操作，进而降低焦比和生铁成本，减少炉况的波动，实现节能降耗具有重要意义。

5.1 引　　言

自 20 世纪 60 年代以来，国内外很多专家学者相继开发了多种铁水硅含量预测模型，大体上可以分为机理模型、推理模型和数据驱动模型三种模型。机理模型就是根据高炉炼铁内部所发生的化学反应和传递现象所建立的模型，包括高炉稳态一维模型以及后来出现的“多流体高炉数学模型”等。这些模型对于揭示高炉内部反应机理起到了一定积极作用，但存在着准确率低、计算耗时多等缺点；推理模型是根据高炉操作人员的专家经验建立的模型，该模型可以根据专家经验的知识库进行推理，进而得到需要对高炉的控制措施，由于其使得高炉操作系统化和规范化，因此在各大钢铁企业得到广泛应用，但由于高炉冶炼的复杂性，基于推理机制的预测模型难以满足复杂情况预报。随着计算机技术和仪器仪表技术在钢铁企业的普及，高炉冶炼相关数据得以保留，数据驱动模型是以积累的数据为基础，让数据“说话”，充分挖掘数据背后潜在的决策信息，主要有神经网络模型、混沌特性模型、偏最小二乘模型、支持向量机模型、模糊模型等。由于其无须建立对象精确的数学模型，并且可以充分利用人类专家的经验知识，现已成为高炉冶炼过程数学模型研究的热点。

虽然粒子群算法有很多优势，但与其他全局优化算法一样，容易陷入局部最优、早熟收敛的缺点。如何使粒子群优化算法避免出现早熟收敛，一直是众多国内外研究者关注的热点。大量实验表明，将多种建模方法有机结合，取长补短，克服单一建模方法本身存在的问题，再用于复杂过程建模比单一的智能建模方法更有效。在对相关文献的研究基础上，将人工鱼群算法中的人工鱼视野引入到粒子群优化，提出基于人工鱼渐变视野的粒子群优化算法（AFIV-PSO），通过不断增加视野，动态改变每个粒子的邻域范围，并将局部最优策略和全局最优策略有机结合，从而增进粒子之间的信息共享，通过在经典测试函数上的比较分析，说明本算法的全局收敛性能得到了显著的提高，能有效避免粒子群优化算法中的早熟收敛问题。本章将 AFIV-PSO 算法应用于优化 SVM 的三个相关参数，提出基于变邻域粒子群优化算法的支持向量机预测模型（AFIV-PSO-SVM），并将该模型应用于高炉铁水硅含量预测，取得很好效果。

5.2 数 据 处 理

5.2.1 鱼骨分析

在进行铁水硅含量的预测工作中，很多学者在选择参数时往往按照专家经验只选取部分参数，而影响某座高炉铁水硅含量的因素往往复杂多变，影响程度不一，因此，这样选取的参数容易遗漏对硅含量影响较大的参数，往往对预测精度影响很大，会导致预测模型过拟合等情况出现。为克服这个问题，采用鱼骨分析方法，收集对硅含量所有可能的影响因素，绘制鱼骨图，如图 5.1 所示，鱼头为铁水硅含量，鱼身包括高炉操作、渣铁成分、送风制度、原燃料成分等方面。

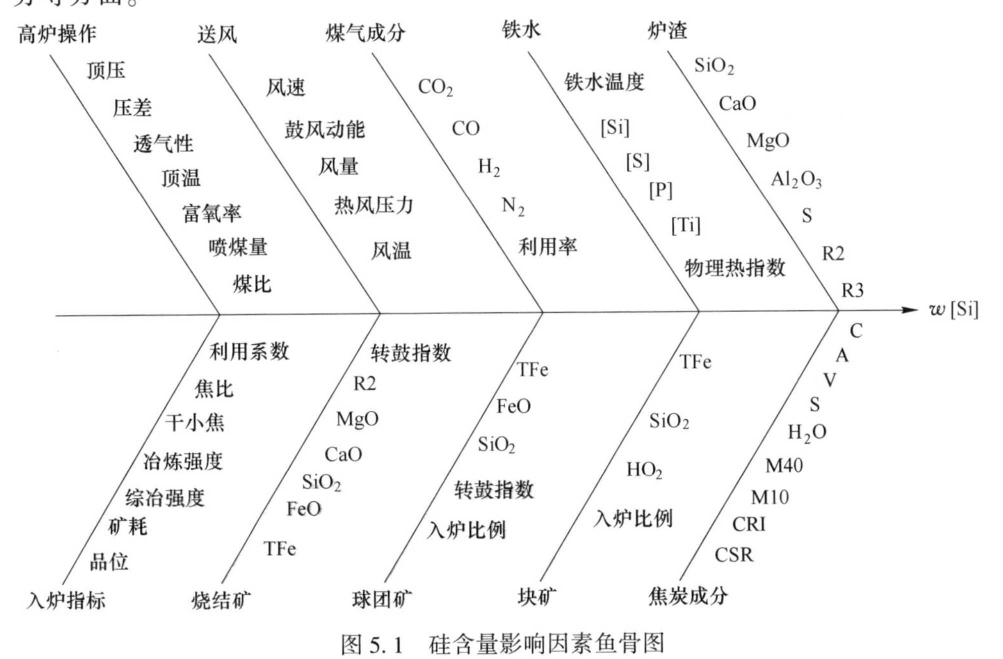

图 5.1 硅含量影响因素鱼骨图

5.2.2　特征选择

在收集完整数据基础上，采用相关分析法，对所有影响因素进行相关分析，利用相关系数作为特征选择的判别规则，最终选取结果见表 5.1，共选取 7 个参数作为支持向量机模型的输入参数，输出参数为铁水硅含量。

表 5.1　特征子集及相关系数

序号	参　数	相关系数
1	利用系数	-0.351
2	综冶强度	-0.465
3	物理热指数	-0.586
4	铁水温度	0.263
5	风温	-0.435
6	实际风速	-0.347
7	煤气利用率	-0.239

5.2.3　冗余属性约简

所谓属性约简就是在保持知识库分类或决策能力不变的条件下，可以删除其中不相关或不重要的知识，使用约简后的属性子集代替原来整个属性集合而不降低分类效果，属性约简是粗糙集理论中的一个非常重要的概念。本章采用前文中介绍的基于概念格的冗余参数约简算法，对铁水硅含量的影响因素进行约简，从而消除冗余参数，得到使分类能力不变的最精简特征子集以优化建模过程。整个约简过程分为五个步骤，详细过程如下所述。

5.2.3.1　构造属性集合

选择属性集合 $A=\{C \cup D\}$，将 5.2 节中的特征选择结果作为条件属性集，即 $C=$｛利用系数，综冶强度，物理热指数，铁水温度，风温，实际风速，煤气利用率｝，将铁水硅含量作为决策属性集，$D=$｛铁水硅含量([Si])｝，见表 5.2。为了方便程序处理，用英文字母按顺序代替各个参数，得到：$C=\{a, b, c, d, e, f, g\}$，$D=\{k\}$。

表 5.2　部分生成数据

利用系数 /t·(m³·d)⁻¹	综冶强度 /t·(m³·d)⁻¹	物理热指数	铁水温度 /℃	风温 /℃	实际风速 /m·s⁻¹	煤气利用率 /%	[Si] /%
2.364375	1.1888125	2.227368421	1492	1233	255	43.4190942	0.38
2.3003125	1.1266875	2.257234043	1503	1227	248	44.34082238	0.47

续表 5.2

利用系数 /t·(m³·d)⁻¹	综冶强度 /t·(m³·d)⁻¹	物理热指数	铁水温度 /℃	风温 /℃	实际风速 /m·s⁻¹	煤气利用率 /%	[Si] /%
2.3140625	1.154	2.217608696	1501	1224	246	44.29657795	0.46
2.308125	1.151375	2.173913043	1500	1225	247	44.34599156	0.46
2.2675	1.1134375	2.411136364	1503	1224	245	43.80831213	0.44
2.28125	1.1455	2.403555556	1504	1229	249	43.74735057	0.45
2.30625	1.140125	2.222222222	1500	1227	246	44.07211029	0.45
2.22125	1.11325	2.161764706	1505	1220	242	44.40914867	0.51
2.305625	1.1340625	2.173913043	1500	1229	245	43.82781177	0.46
2.2478125	1.131	1.97122807	1506	1184	242	43.79515512	0.57

5.2.3.2 离散化处理

概念格属性约简方法对连续值的属性是没有处理能力的，要想采用概念格约简算法对影响硅含量的参数进行约简，首先必须对特征选择的结果进行离散化处理，离散化处理就是将属性取值分布在某个区间上的值用某个数字来代替，例如 $[a, b]$ 区间内的数值用数字“1”代替。目前，由于不同的实际问题其数据具有不同的分布特点，尚没有通用的、最优的离散化方法，本章采用较为常用的等频离散化方法对输入数据进行离散化处理。表 5.3 为部分数据离散化后的结果。

表 5.3 部分数据离散化结果

编号	条件属性							决策属性
	a	b	c	d	e	f	g	k
1	3	3	2	1	3	3	1	1
2	2	2	2	2	2	2	2	2
3	2	3	2	2	2	1	2	2
4	2	3	2	1	2	2	2	2
5	1	1	3	2	2	1	1	2
6	2	3	3	3	3	2	1	2
7	2	2	2	1	2	1	2	2
8	1	1	1	3	1	1	2	3
9	2	2	2	1	3	1	1	2

5.2.3.3 形式背景转换

由于约简算法需要借助于概念之间泛化和特化的特性来进行，因此需要将离散化结果转换为概念格对应的形式背景（U, M, I），然后将此形式背景输入到概念格生成程序，由此构造概念格。转换方法为：

$$\text{If 属性 } m \text{ 在 } u \text{ 行处取值为 } k \quad \text{then 令 } (u,\ mk) \in I \tag{5.1}$$

表5.4为部分数据对应的形式背景，在实际操作时，可将形式背景中的“×”用“1”来代替，空白处用“0”代替，以方便程序处理。

表 5.4　部分数据转换后的形式背景

编号	*a*			*b*			*c*			*d*			*e*			*f*			*g*			*k*		
	1	2	3	1	2	3	1	2	3	1	2	3	1	2	3	1	2	3	1	2	3	1	2	3
1			×			×		×		×					×			×	×			×		
2		×			×			×			×			×			×			×			×	
3		×				×		×			×			×		×				×			×	
4		×				×		×		×				×			×			×			×	
5	×			×					×		×			×		×			×				×	
6		×				×			×			×			×		×		×				×	
7		×			×			×		×				×		×				×			×	
8	×			×			×					×	×			×				×				×
9		×			×			×		×					×	×			×				×	

5.2.3.4　构造概念格

通过概念格生成算法AddExtent将形式背景（U, M, I）转换为其对应的概念格结构，共计生成894个概念，概念格的部分结构在程序中的数据结构设计见表5.5。

表 5.5　程序中概念格数据结构

概念编号	概念外延（extent）	概念内涵（intent）	父概念编号	子概念编号
63	4，46	a_2，b_3，d_1，e_2	77，187，192	20，62
64	29，44，66	a_2，c_1，d_1	21，66，78	59，188，433
65	4，7，9，32	a_2，c_2，d_1	35，66，79	60，314，691
66	4，7，9，29，32，44，46	a_2，d_1	3，81	61，64，65，192，318，436，695
67	24，39	a_3，b_3，c_1，d_1，e_3，f_3，h_2	23，71，75，249，706	505，582

5.2.3.5 冗余属性约简

在概念格结构上调用前文介绍的概念格约简算法进行冗余参数约简，结果显示属性f是可约简的，也就是说对于样本数据集缺少属性f对于目标参数的分类不会有影响，最终剩余参数集合为$\{a, b, c, d, e, g\}$，分别对应参数{利用系数，综冶强度，物理热指数，铁水温度，风温，煤气利用率}，这些参数将作为最终特征子集参与下一步的铁水硅含量预测。同样，由于约简后的各参数具有不同的量纲，为了便于不同量级的指标进行比较，仍然采用式（4.1）经过变换，将其转换成无量纲纯数值形式。

5.3 基于人工鱼视野的变邻域粒子群算法

5.3.1 动态邻域结构的粒子群算法（AFIV-PSO）

在标准PSO算法中，每一个粒子在解空间中受到个人经验及整个种群经验的影响，为了增强粒子间的信息交互和共享能力，受到人工鱼群算法中每条人工鱼在其视野内寻优的启发，将人工鱼的视野Visual引入到粒子群算法中，为每个粒子设定一个视野Visual，在某粒子Visual内的其他粒子作为该粒子的邻域。在速度更新公式中加入一项，每个粒子还要受到邻域最优值的影响，即公式变为：

$$v_{id}^{k+1} = wv_{id}^{k} + c_1 r_1 [\alpha(p_{id} - x_{id}^{k}) + (\delta - \alpha)(p_{ld} - x_{id}^{k})] + c_2 r_2 (p_{gd} - x_{id}^{k}) \tag{5.2}$$

$$x_{id}^{k+1} = x_{id}^{k} + v_{id}^{k+1} \tag{5.3}$$

式中 α——［0，1］间的随机数；

p_{ld}——粒子x_i迄今为止所搜索到的最好的邻域极值。

尽管PSO算法能比其他进化算法更快地得到较为理想的解，但当迭代次数增加时，并不一定能进行更精确地搜索，本节介绍一种粒子视野Visual渐变的思想，在迭代的初始阶段，Visual值为0，也就是一个粒子的邻域就是它本身，随着迭代的进行，Visual逐渐增加，邻域内的粒子逐渐增多，最后包含种群中的所有粒子，如图5.2所示，Visual变化公示如下：

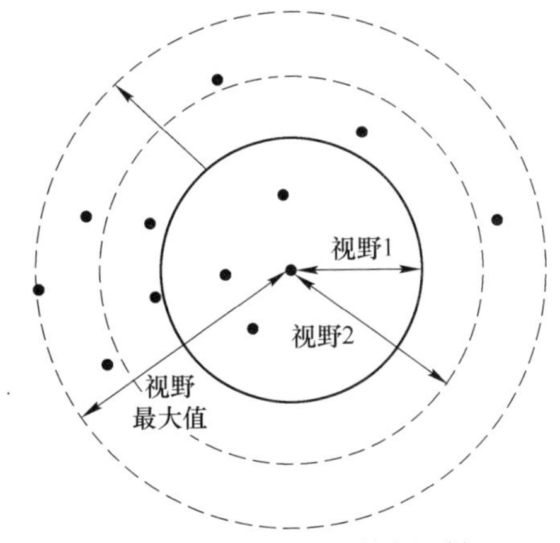

图5.2 粒子视野渐变机制

$$\text{Visual} = \text{Visual\_max} \times \frac{\text{iter}}{\text{maxiter}} \tag{5.4}$$

式中，Visual_ max 为预先设定视野最大值。

另外，为了限制迭代后期粒子的速度，使粒子群收敛于全局最优解，采用 Clerc 提出的收缩因子来控制粒子飞行轨迹。

5.3.2　引入变异算子

朱海梅等人提出一种判断早熟停滞的方法，一旦检查到早熟迹象，便随机地选择最优粒子任意一维的分量值，并对这维重新初始化，以扰乱粒子的当前搜索轨迹，使其跳出局部最优，从而大大提高算法的收敛速度，并提高优化结果的精度。

预先设定一个常数 R_{max}，表示最优适应度值不发生变化的最多的迭代次数，也就是说，经过连续 R_{max} 次迭代，算法的最优适应度值没有发生变化，意味着算法有可能陷入局部极值，则随机地改变最优位置的任意一维，即对 $p_g=(p_{g1}, p_{g2}, \cdots, p_{gD})$ 中的任意一维 p_{gd} 用该维取值范围内的随机数进行替换，从而改变僵持局面，给算法赋予新的活力，从而提高算法的探索能力，摆脱局部极值点的束缚。

If $fbest(n) = fbest(n - R_{max})$ then

$d = rand(D)$

$p_{gd} = rand \times (d_{max} - d_{min}) + d_{min}$

Endif

式中　$fbest(n)$ ——整个种群第 n 次迭代的最优适应值；

d_{max}，d_{min} ——分别为 d 维取值范围的上界和下界。

将这种操作简单、效果显著的变异算子应用于改进的 PSO 算法中。

5.3.3　AFIV-PSO 执行步骤

下面给出改进粒子群优化算法的步骤。

步骤 1：初始化相关参数，包括种群规模 N，最大迭代次数 LoopCount，学习因子 c_1、c_2，最大粒子视野 Visual_ max，惯性权重 w，最优适应度值不发生变化时允许最多的迭代次数 R_{max}，收缩因子 χ，粒子最大飞行速度 v_{max}。

步骤 2：随机初始化粒子群中所有粒子的位置和速度。

步骤 3：计算每个粒子的适应值，并更新个体最优位置 p_i、邻域最优位置 p_l 和全局最优位置 p_g。

步骤 4：判断算法是否满足终止条件，满足则停止计算，输出结果；否则继续。

步骤 5：按照式（5.4）更新种群的视野。

步骤 6：按照式（2.33）更新惯性权重。

步骤 7：如果当前迭代次数大于 R_{max}，判断算法是否停滞，如果停滞，则根据变异算子对最优位置的任意一维重新初始化。

步骤 8：根据式（5.2）和式（5.3）更新每个粒子的位置和速度。

步骤 9：计算每个粒子的适应值，并更新个体最优位置 p_i 、邻域最优位置 p_l 和全局最优位置 p_g 。如果粒子的适应值优于 p_i 的适应值，则更新 p_i 为当前粒子的位置；如果粒子的最优邻域适应值优于 p_l 的适应值，则更新 p_l 为当前粒子的最优邻域适应度位置；如果粒子适应值优于 p_g ，则更新 p_g 为当前粒子的位置。转步骤 4。

图 5.3 为 AFIV-PSO 算法流程图。

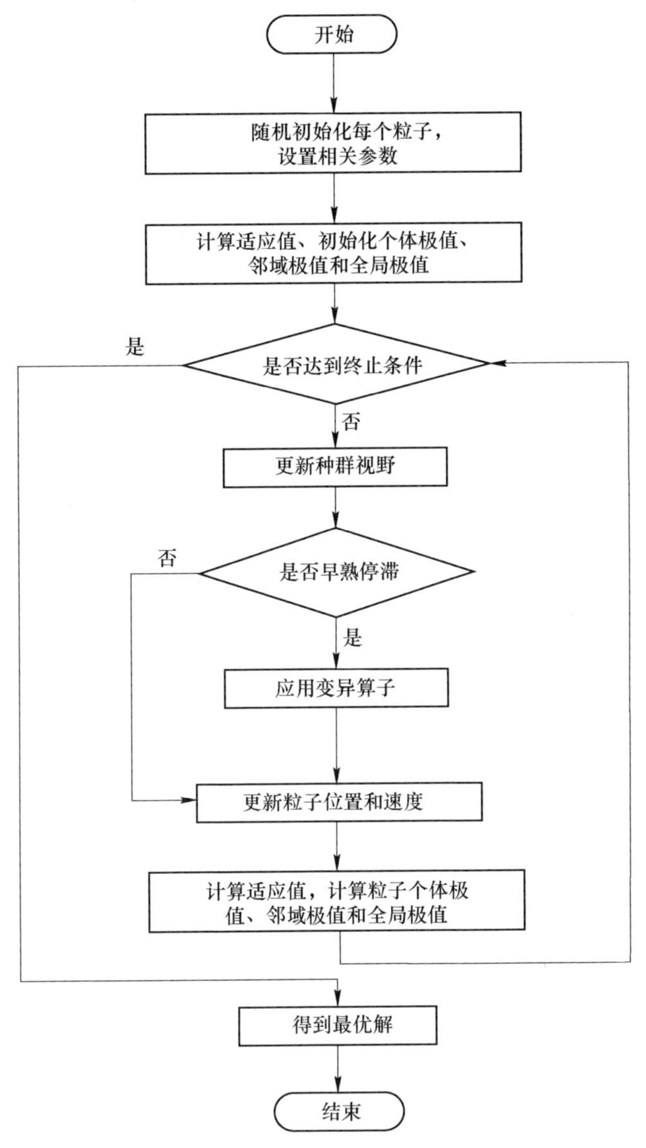

图 5.3　AFIV-PSO 算法流程图

5.3.4　经典测试函数

为了测试改进粒子群算法的性能，将算法（AFIV-PSO）应用于 6 个经典的测试函数，并与标准的粒子群算法（TVIW-PSO）、将涉及的变异算子应用于标准粒子群算法的改进算法（PCIW-PSO）、自适应加速因子的粒子群算法（TVAC-PSO）进行对比分析，都取得了较好的效果。以下为 6 个经典测试函数。

（1）Griewank：

$$f(x) = \frac{1}{4000}\sum_{i=1}^{n} x_i^2 + \prod_{i=1}^{n}\cos\left(\frac{x_i}{\sqrt{i}}\right) + 1 \tag{5.5}$$

$$-100 \leqslant x_i \leqslant 100$$

（2）Rastrigin：

$$f(x) = \sum_{i=1}^{n}\left[x_i^{\,2} - 10\cos(2\pi x_i) + 10\right] \tag{5.6}$$

$$-5.12 \leqslant x_i \leqslant 5.12$$

（3）Sphere：

$$f(x) = \sum_{i=1}^{n} x_i^2 \tag{5.7}$$

$$-100 \leqslant x_i \leqslant 100$$

（4）Ackley：

$$f(x) = -20\exp\left\{-0.2\sqrt{\frac{1}{n}\sum_{i=1}^{n} x_i^2} - \exp\left[\frac{1}{n}\sum_{i=1}^{n}\cos(2\pi x_i)\right]\right\} + 20 + e \tag{5.8}$$

$$-32 \leqslant x_i \leqslant 32$$

（5）RosenBlock：

$$f(x) = \sum_{i=1}^{n}\left[100\,(x_{i+1} - x_i^2)^2 + (x_i - 1)^2\right] \tag{5.9}$$

$$-30 \leqslant x_i \leqslant 30$$

（6）Schaffer：

$$f(x,\ y) = (x^2 + y^2)^{0.25}\{\sin^2[50\,(x^2 + y^2)^{0.1}] + 1.0\} \tag{5.10}$$

$$-10 \leqslant x_i \leqslant 10$$

表 5.6 为 6 个函数的相关参数设置。

表 5.6 6 个测试函数的参数设置

测试函数	维数	最优值	迭代次数	精度
Griewank	30	0	1000	0.1
Rastrigin	30	0	1000	50
Sphere	30	0	1000	0.1
Ackley	30	0	1000	5
RosenBlock	30	0	1000	100
Schaffer	2	0	1000	1×10^{-10}

5.3.5 实验结果分析

算法中参数设置：最大速度限制 v_{max} 取为各函数初始范围的一半，惯性权重设置为从 0.9 到 0.4 的线性变化，最大视野 Visual_max 设置为 100，学习因子 c_1，c_2 设置为 2，种群规模为 60，收缩因子 χ 取值为 0.729，R_{max} 取值为 10。采用 Matlab 实验平台进行仿真实验。

实验结果见表 5.7，表中所列数据为算法独立运行 20 次的最优值、最差值、平均值及方差，成功率表示达到优化目标的寻优次数占实验次数的比例。所谓达到优化目标，是指算法搜索到的测试问题解与问题的最优解在精度允许范围内。

表 5.7 不同算法实验结果对比

测试函数	算法	适应值				成功率/%
		最优适应值	最差适应值	平均适应值	方差	
Griewank	TVIW-PSO	0	1.128×10^{-1}	1.323×10^{-2}	1.138×10^{-3}	90
	PCIW-PSO	0	2.179×10^{-1}	2.921×10^{-2}	3.508×10^{-3}	85
	TVAC-PSO	0	1.952×10^{-1}	3.110×10^{-2}	3.443×10^{-3}	85
	AFIV-PSO	0	0	0	0	100
Rastrigin	TVIW-PSO	0	8.015×10	3.622×10	8.673×10^{2}	60
	PCIW-PSO	0	2.589×10	2.826	6.272×10	100
	TVAC-PSO	1.708×10^{-1}	1.195×10^{2}	3.231×10	7.921×10^{2}	85
	AFIV-PSO	0	0	0	0	100
Sphere	TVIW-PSO	8.625×10^{-21}	7.425	0.934	4.312	65
	PCIW-PSO	1.796×10^{-23}	2.550×10^{-4}	2.550×10^{-5}	6.158×10^{-9}	100
	TVAC-PSO	1.041×10^{-20}	4.656	0.571	2.000	75
	AFIV-PSO	2.246×10^{-68}	1.247×10^{-59}	6.308×10^{-61}	7.766×10^{-120}	100

续表 5.7

测试函数	算法	适应值				成功率 /%
		最优适应值	最差适应值	平均适应值	方差	
Ackley	TVIW-PSO	7.810×10^{-11}	16.168	2.414	27.988	85
	PCIW-PSO	4.700×10^{-12}	1.409	0.141	0.188	100
	TVAC-PSO	7.368×10^{-11}	3.419	0.301	0.702	100
	AFIV-PSO	0	7.105×10^{-15}	3.908×10^{-15}	5.182×10^{-30}	100
RosenBlock	TVIW-PSO	28.372	3197.26	411.792	907293.76	65
	PCIW-PSO	2.898×10^{-6}	29.912	3.021	84.577	100
	TVAC-PSO	28.068	1539.67	197.204	126068.32	65
	AFIV-PSO	3.481×10^{-5}	0.126	9.316×10^{-3}	8.236×10^{-4}	100
Schaffer	TVIW-PSO	2.322×10^{-25}	3.535×10^{-23}	1.105×10^{-23}	1.323×10^{-46}	100
	PCIW-PSO	7.529×10^{-23}	5.850×10^{-21}	1.144×10^{-21}	1.732×10^{-42}	100
	TVAC-PSO	2.558×10^{-35}	1.506×10^{-33}	2.739×10^{-34}	1.141×10^{-67}	100
	AFIV-PSO	1.344×10^{-36}	7.311×10^{-35}	1.491×10^{-35}	2.787×10^{-70}	100

从表 5.7 可以看出：对于所有测试函数，算法 AFIV-PSO 在设定的精度范围内的成功率均为 100%，而其他几种算法则达不到这个精度要求，适应值及方差的测试结果也都明显好于其他三种算法。

其中，对于 Griewank 函数和 Rastrigin 函数，AFIV-PSO 算法的每次测得结果均获得了理论最优值。对于 Ackley 函数，算法的测试结果中有最优适应值达到理论最优值。对于 Sphere 函数和 RosenBlock 函数，算法虽没获得理论最优，但最优适应值、最差适应值和平均适应值较其他三种算法具有明显优势，尤其是 Sphere 函数，其平均适应值较其他三种算法中最好的 PCIW-PSO 算法平均适应值精度提高显著。而对于维数最少的 Schaffer 函数，四种算法的成功率均达到 100%，说明该函数分布简单，较易搜索最优值，但 AFIV-PSO 的寻优精度仍然是最高的。可见该算法具有很好的全局搜索性能，其独有的动态邻域特性，增强了粒子群间的信息共享能力，能够很好地帮助粒子跳跃局部极值，快速收敛到全局最优解。

为了直观地反映算法的寻优效果，图 5.4~图 5.9 给出了不同算法运行 20 次后得到的平均最佳适应值收敛曲线。为了便于比较，图中纵坐标都采用适应值的对数值表示。对于图 5.4 和图 5.5，AFIV-PSO 算法在迭代不到 600 次时就已经搜索到理论最优值，而其他三种算法均陷入局部极值。对于测试函数 RosenBlock、Ackley 和 Shpere，如图 5.6、图 5.7 和图 5.9 所示，其进化曲线与其他三种算法明显分离，以 Sphere 函数性能最佳，其他三种算法在迭代 400 次左右时就已陷入局部极值，而 AFIV-PSO 算法持续搜索到全局最优。在图 5.8 中，虽然 TVAC-PSO 算法的收敛性能与 AFIV-PSO 算法不相上下，但对于其他测试函数，该算法性能表现一般。

通过实验比较，AFIV-PSO 算法在所有函数优化问题中，都具有较快的全局收敛速度与强大的全局搜索能力，说明了基于人工鱼视野机制的变邻域粒子群算法在优化过程中信息共享度高，而加入变异算子能够辅助变邻域粒子群算法有效地避免早熟收敛。在 5.4 节中将采用 AFIV-PSO 优化算法来优选预测模型中的参数组合。

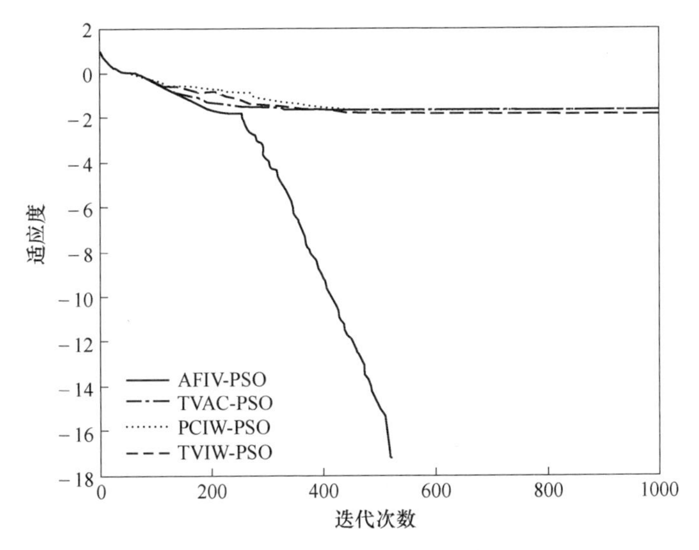

图 5.4 Griewank 函数进化曲线

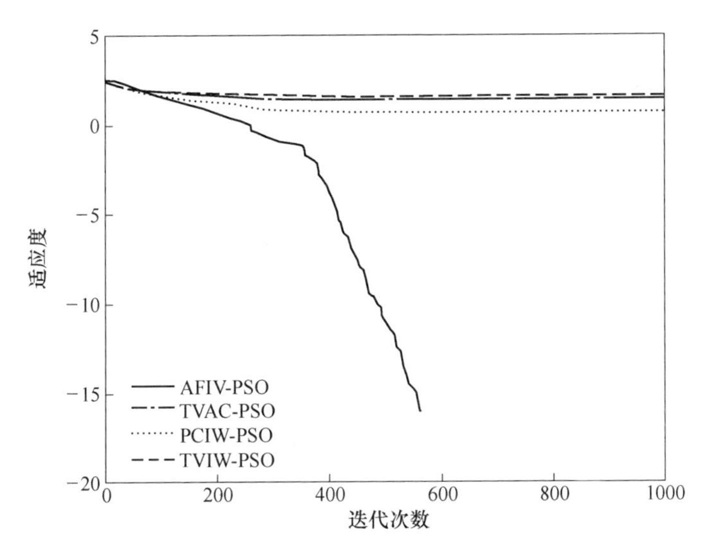

图 5.5 Rastrigin 函数进化曲线

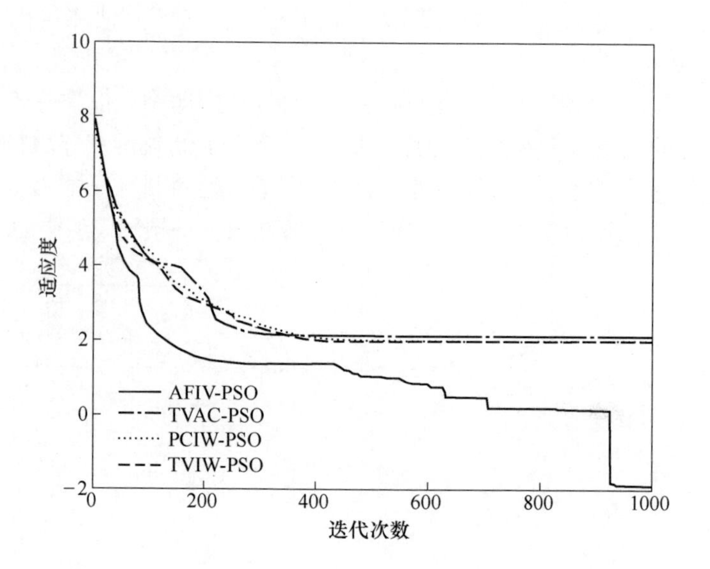

图 5.6　RosenBlock 函数进化曲线

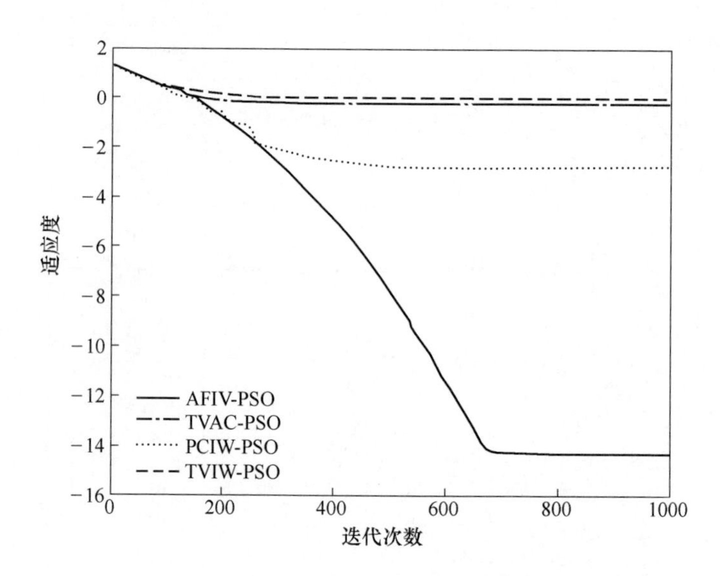

图 5.7　Ackley 函数进化曲线

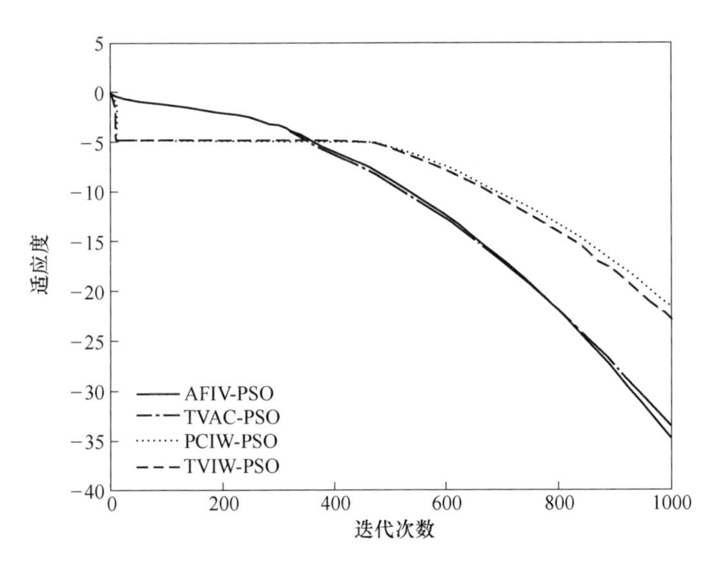

图 5.8 Schaffer 函数进化曲线

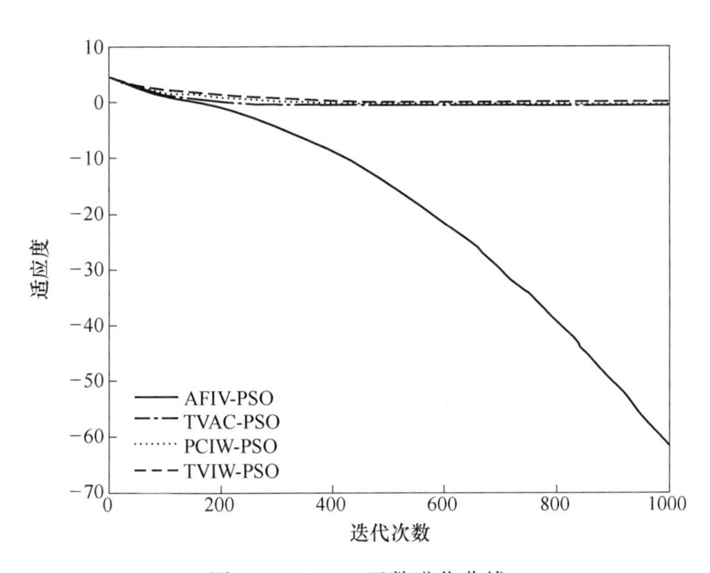

图 5.9 Shpere 函数进化曲线

5.4 基于 AFIV-PSO 的铁水硅含量预测

从某钢铁厂高炉实际生产数据中抽取连续生产数据，将最终选取的特征子集作为预测模型的输入参数，铁水硅含量作为模型输出参数。采用 AFIV-PSO 智能优化算法对SVM中的三个参数惩罚因子C、核函数参数γ和ε参数进行优化，从而有效克服了人为选取参数的弊端，并将优化后的结果用于铁水硅含量的训练和预测，优化和预测流程图如图5.10所示。为了验证AFIV-PSO-SVM算法的性能，将其与PSO-SVM、Grid-SVM模型进行对比，实验过程采用相同训练集和测试集，并从训练精度、训练时间、预测精度等方面进行对比分析。程序采用k-fold交叉验证方法，k取值为5，参数C、γ和ε的取值范围分别设置为［0.1，100］、［0.01，100］和［0.01，10］，每个粒子的适应度函数为样本数据的均方根误差，最大迭代次数设置为100。

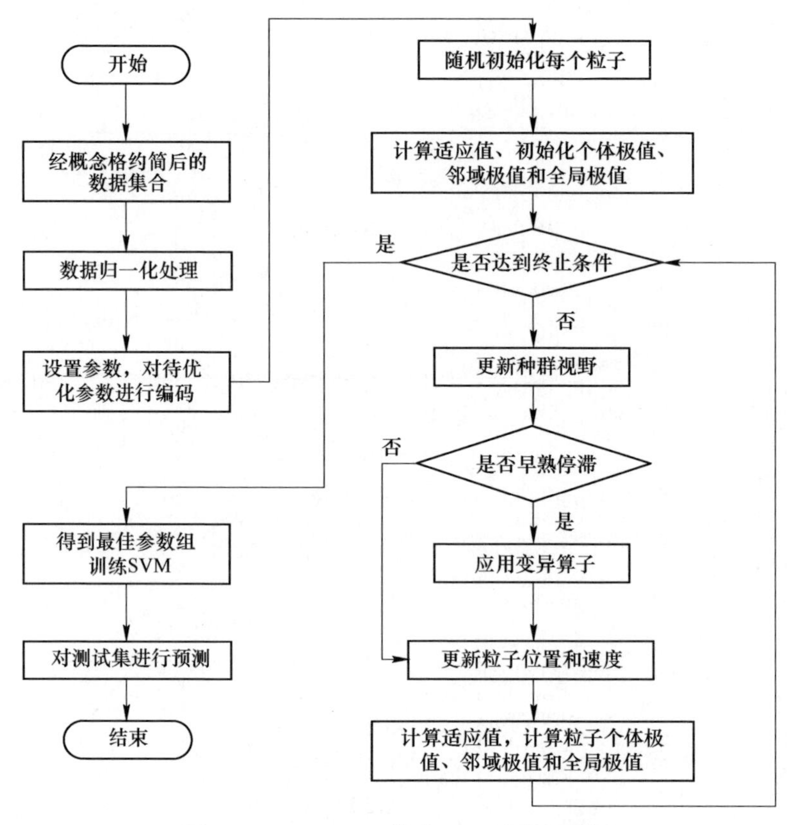

图5.10　AFIV-PSO优化SVM参数流程图

5.4.1　PSO-SVM硅含量预测

PSO-SVM预测模型的参数设置和运算流程采用5.3节中所描述的，通过训练数据集进行寻优，得到最佳参数组：$C=99.40$，$\gamma=0.01$，$\varepsilon=0.01$，交叉检验均方误差CVMSE$=1.9337\times10^{-3}$。对测试集进行测试的结果见表5.8，计算测试样本总体误差，得到平均绝对误差6.5437×10^{-3}，平均相对误差1.3066%。铁水硅含量实际值和预测值的拟合曲线如图 5.11 所示。

表 5.8 PSO-SVM 算法预测结果及误差

序号	铁水硅含量（质量分数）实际值/%	铁水硅含量（质量分数）预测值/%	预测误差	
			绝对误差	相对误差/%
1	0.48	0.4721	7.8977×10^{-3}	1.6454
2	0.51	0.5006	9.4352×10^{-3}	1.8500
3	0.5	0.4909	9.0511×10^{-3}	1.8102
4	0.55	0.5296	20.4015×10^{-3}	3.7094
5	0.52	0.5074	12.5905×10^{-3}	2.4213
6	0.49	0.4858	4.2365×10^{-3}	0.8646
7	0.42	0.4262	6.1942×10^{-3}	1.4748
8	0.53	0.5245	5.4831×10^{-3}	1.0345
9	0.49	0.4779	12.1092×10^{-3}	2.4713
10	0.49	0.4890	1.0059×10^{-3}	0.2053
11	0.48	0.4789	1.1093×10^{-3}	0.2311
12	0.48	0.4785	1.4870×10^{-3}	0.3098
13	0.45	0.4526	2.5943×10^{-3}	0.5765
14	0.42	0.4202	0.1911×10^{-3}	0.0455
15	0.46	0.4644	4.3684×10^{-3}	0.9497

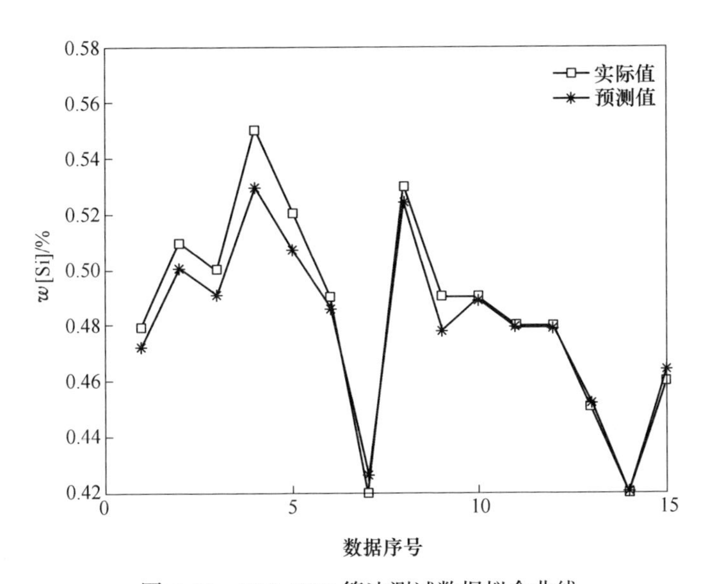

图 5.11 PSO-SVM 算法测试数据拟合曲线

5.4.2　Grid-SVM 硅含量预测

网格寻优方法的原理及参数设置采用4.3节中所描述的，通过在相同的训练集上进行寻优得到最佳参数组：$C = 84.45$，$\gamma = 0.0412$，$\varepsilon = 0.01$，交叉检验均方误差 $CVMSE = 6.4841 \times 10^{-4}$。对相同的测试集进行预测得到铁水硅含量的预测结果及误差，见表5.9。

表5.9　Grid-SVM 算法预测结果及误差

序号	铁水硅含量(质量分数)实际值/%	铁水硅含量(质量分数)预测值/%	预测误差	
			绝对误差	相对误差/%
1	0.48	0.4792	0.8247×10^{-3}	0.1718
2	0.51	0.5091	0.9016×10^{-3}	0.1768
3	0.5	0.4996	0.4319×10^{-3}	0.0864
4	0.55	0.5448	5.1924×10^{-3}	0.9441
5	0.52	0.5178	2.1549×10^{-3}	0.4144
6	0.49	0.4909	0.9146×10^{-3}	0.1867
7	0.42	0.4200	0.0354×10^{-3}	0.0084
8	0.53	0.5331	3.0501×10^{-3}	0.5755
9	0.49	0.4878	2.2107×10^{-3}	0.4512
10	0.49	0.4925	2.4787×10^{-3}	0.5059
11	0.48	0.4822	2.1881×10^{-3}	0.4559
12	0.48	0.4819	1.8741×10^{-3}	0.3904
13	0.45	0.4523	2.2598×10^{-3}	0.5022
14	0.42	0.4174	2.5881×10^{-3}	0.6162
15	0.46	0.4630	3.0224×10^{-3}	0.6570

计算测试样本预测误差，得到平均绝对误差 2.0085×10^{-3}，平均相对误差0.4095%。铁水硅含量实际值和预测值的拟合曲线如图5.12所示。

5.4.3　AFIV-PSO-SVM 硅含量预测

在训练数据上的寻优过程中，适应度函数仍然选择均方误差，最优适应值和平均适应值的进化曲线如图5.13所示，算法60步时收敛于全局最优解，得到的最优参数为：$C=90.21$，$\gamma=0.041$，$\varepsilon=0.01$，交叉检验均方误差 $CVMSE=6.38\times10^{-4}$。

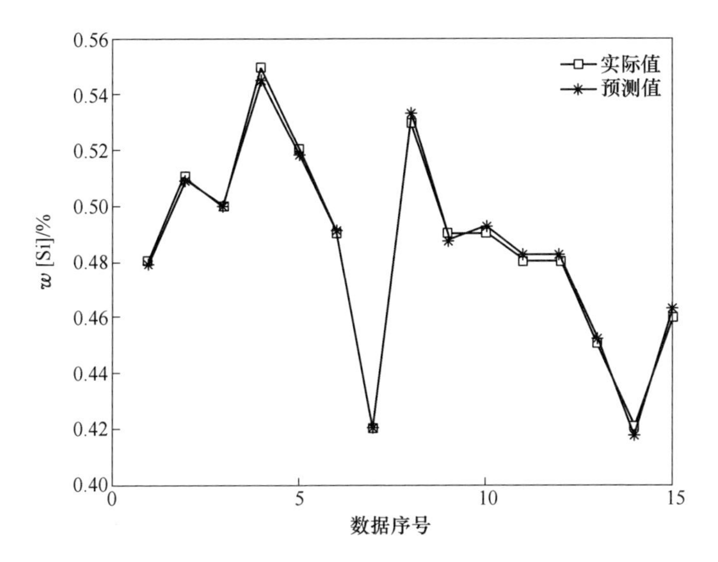

图 5.12 Grid-SVM 算法测试数据拟合曲线

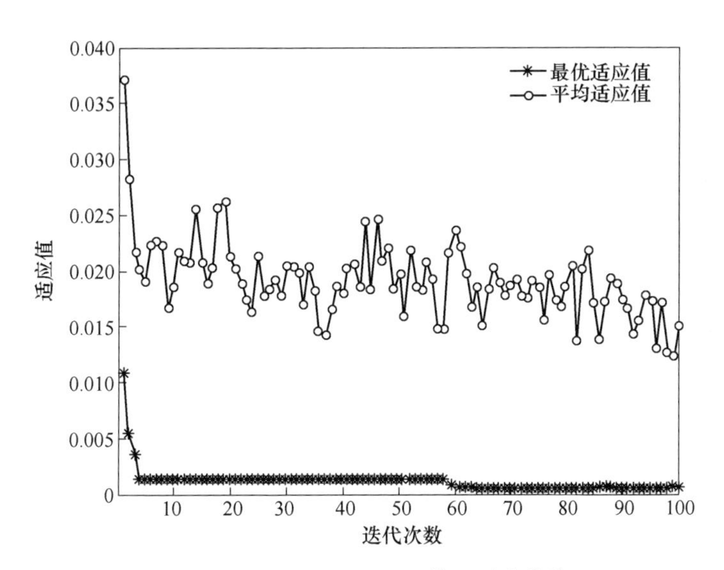

图 5.13 AFIV-PSO-SVM 算法进化曲线

训练数据的拟合曲线如图 5.14 所示，从图中可以看出铁水硅含量实际值和预测值吻合很好，说明算法具有很小的训练误差。

为了验证 AFIV-PSO-SVM 预测模型的泛化能力，将选择的测试集输入模型对铁水硅含量进行预测，实际值、预测结果及预测误差见表 5.10，预测误差采用绝对误差和相对误差衡量，从结果上看模型具有很小的预测误差。经计算得到平均

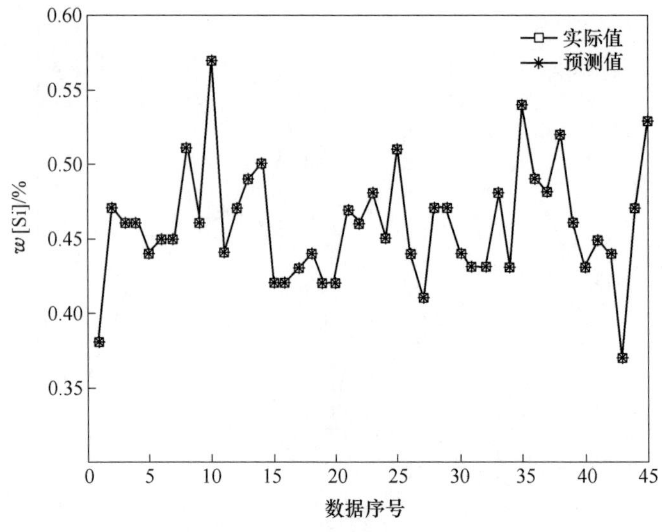

图 5.14　AFIV-PSO-SVM 算法训练数据拟合曲线

绝对误差 1.9673×10^{-3}，平均相对误差 0.4012%，模型具有很高的精度，能够满足实际需要。

表 5.10　AFIV-PSO-SVM 算法预测结果及误差

序号	铁水硅含量(质量分数)实际值/%	铁水硅含量(质量分数)预测值/%	预测误差	
			绝对误差	相对误差/%
1	0.48	0.4793	0.7187×10^{-3}	0.1497
2	0.51	0.5092	0.8335×10^{-3}	0.1634
3	0.5	0.4997	0.3368×10^{-3}	0.0674
4	0.55	0.5449	5.1088×10^{-3}	0.9289
5	0.52	0.5179	2.0928×10^{-3}	0.4025
6	0.49	0.4909	0.9464×10^{-3}	0.1931
7	0.42	0.4200	0.0048×10^{-3}	0.0011
8	0.53	0.5331	3.0618×10^{-3}	0.5777
9	0.49	0.4879	2.1393×10^{-3}	0.4366
10	0.49	0.4925	2.4548×10^{-3}	0.5010
11	0.48	0.4822	2.1773×10^{-3}	0.4536
12	0.48	0.4819	1.8555×10^{-3}	0.3866
13	0.45	0.4522	2.1637×10^{-3}	0.4808
14	0.42	0.4173	2.6748×10^{-3}	0.6369
15	0.46	0.4629	2.9404×10^{-3}	0.6392

为了更加直观地对比铁水硅含量真实值和预测值，绘制二者的拟合曲线，如图 5.15 所示，从图中可以看到，两条曲线的拟合程度高，各个数据点基本重合，可见 AFIV-PSO-SVM 预测模型能够对铁水硅含量的变化趋势给出精确预测。

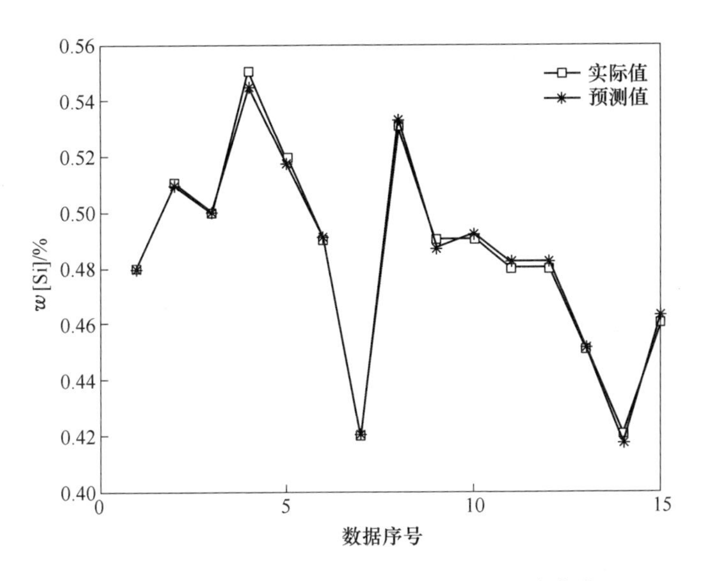

图 5.15 AFIV-PSO-SVM 算法测试数据拟合曲线

5.4.4 算法预测性能比较分析

表 5.11 列出了三种方法对 SVM 的惩罚参数 C、核参数 γ 和 ε 的优化结果及算法性能比较，其中，MSE 和 r^2 分别采用前一章中的公式。从表 5.11 中可以看到，总体上三种算法的训练误差都很小，训练数据的 r^2 显示预测值和实际值高度相关。但从算法运行时间上看，网格寻优算法仍然耗费最长时间，且其训练误差也比 AFIV-PSO-SVM 算法大，这也说明了网格寻优的特点，如果格点设置过密，运行时间增大，如果格点设置稀疏，则寻优效果不佳。AFIV-PSO-SVM 算法虽然运行时间较 PSO-SVM 算法略高，但其寻优性能明显优于后者，也说明变邻域粒子群算法跳跃局部极值的优越性。

表 5.11 不同算法训练结果及性能对比

焦比预测模型	参数 C	参数 γ	参数 ε	CVMSE	r^2	运行时间/s
AFIV-PSO-SVM	90.21	0.041	0.01	6.38×10^{-4}	0.9986	22
PSO-SVM	99.40	0.001	0.01	19.34×10^{-4}	0.9887	21
Grid-SVM	84.45	0.0412	0.01	6.48×10^{-4}	0.9986	29

为进一步分析本章提出的 AFIV-PSO-SVM 预测模型的预测性能，将其与 PSO-SVM 预测模型和 Grid-SVM 预测模型的预测结果进行对比（见表 5.12），三种模型在相同测试数据集上具有不同的表现，结果显示仍然是 AFIV-PSO-SVM 算法的预测性能最好。

表 5.12　不同算法预测性能比较

寻优方法	平均绝对误差	平均相对误差/%	r^2
AFIV-PSO-SVM	1.9673×10^{-3}	0.4012	0.9958
PSO-SVM	6.5437×10^{-3}	1.3066	0.9827
Grid-SVM	2.0085×10^{-3}	0.4095	0.9957

比较三种预测模型在不同误差范围内所对应的铁水硅含量预测命中率，结果见表 5.13。精度范围为±0.003 时，AFIV-PSO-SVM 算法的预测命中率最高，为 87%；精度范围为±0.005 时，PSO-SVM 算法的预测命中率最低为 47%；精度范围为±0.01 时，AFIV-PSO-SVM 算法和 Grid-SVM 算法达到 100%。

表 5.13　不同硅含量预测模型精确度比较

焦比预测模型	精度（绝对精度）	预测命中率/%
AFIV-PSO-SVM	±0.003	87
	±0.005	93
	±0.01	100
PSO-SVM	±0.003	33
	±0.005	47
	±0.01	80
Grid-SVM	±0.003	80
	±0.005	93
	±0.01	100

对比三种不同算法，无论在训练集还是测试集上，AFIV-PSO-SVM 模型得到的真实值与预测值误差均为最低，r^2 最大，预测精度最高，说明该模型性能较好，在冶金实际生产数据中可进一步应用。

5.5　铁水硅含量稳定性分析

5.5.1　铁水硅含量控制图

5.5.1.1　定义

控制图是根据假设检验的原理构造的一种带有控制界限的图，用于检测和判断生产过程是否处于稳定可控状态，其中的中心线、上控制界限、下控制界限分别以 CL（Control Line）、UCL（Upper Control Line）、LCL（Lower Control Line）表示。控制图是1924年由美国贝尔电话实验室休哈特博士首先提出的，现已在控制生产、检测工序状态、判断生产过程异常等方面取得广泛应用。

5.5.1.2 Xbar-R 控制图的原理

Xbar-R（均值极差）控制图是常用的基本控制图，主要用于控制长度、质量、成分、各种生产监测指标等计量值，是一种获得生产过程信息最多的一种控制图。在假设质量特性服从正态分布的条件下，不论 μ 与 σ 如何取值，质量特性落在 $[\mu-3\sigma, \mu+3\sigma]$ 范围内的概率为99.73%，落在 $[\mu-3\sigma, \mu+3\sigma]$ 范围外的概率则为0.27%。把正态分布的图形按顺时针旋转90°，就得到了控制图，图中的 $UCL=\mu+3\sigma$ 为上控制线，$CL=\mu$ 为中心线，$LCL=\mu-3\sigma$ 为下控制线。当过程处于稳定状态时，在一次抽样中，可以预计样本统计量值不会超过上下控制线。假若样本统计量超出范围，发生了小概率事件，即认为过程出现了异常因素。

5.5.1.3 控制图的八条检验准则

将控制图分为6个区，每个区宽度为 1σ，6个区从上至下分别标号为 *A*、*B*、*C*、*C*、*B*、*A*，两个 *A* 区、两个 *B* 区、两个 *C* 区分别在中心线两侧，关于中心线对称。控制图有以下8条检验准则：

（1）准则1：1个点落在 *A* 区以外。

（2）准则2：连续9个点落在中心线同一侧。

（3）准则3：连续6个点递增或递减。

（4）准则4：连续14个点中的相邻点上下交替。

（5）准则5：连续3个点中有2个点落在中心线同一侧的 *B* 区以外。

（6）准则6：连续5个点中有4个点落在中心线同一侧的 *C* 区以外。

（7）准则7：连续15个点在 *C* 区内。

（8）准则8：连续8个点落在中心线两侧且无一在 *C* 区内。

5.5.1.4 硅含量控制图

从国内某钢厂3200m^{3}高炉12个月中，每个月抽取连续5条生产数据，共计60条数据，把数据分成12个样本，样本子组容量为5，根据实际的情况，选择用均值-极差图来分析数据的稳定性。Xbar 控制图和 R 控制图分别如图5.16和图5.17所示。

从图5.16中可以看出，后半年硅含量较前半年硅含量偏高，其中，3、4、5月份测得的铁水硅含量值违反了准则（5），即连续3个点中有2个点落在中心线同一侧的 B 区以外。而11月测得硅含量违背了准则（1），超出控制线以外，从极差图上看11月的极差也最大。从 Xbar 控制图和 R 控制图上可以得出结论：该

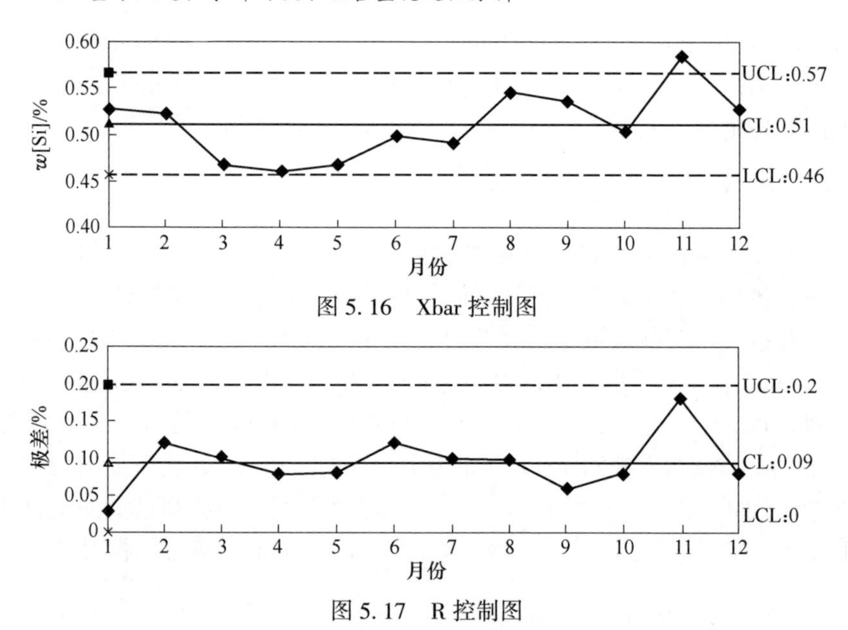

图 5.16　Xbar 控制图

图 5.17　R 控制图

高炉上半年铁水硅含量偏低，而下半年 11 月铁水硅含量超出了正常范围，说明高炉铁水硅含量不稳定，需要采取措施控制铁水硅含量在稳定范围内。

5.5.2　相关性分析

通过建立的基于改进粒子群算法的预测模型，对所选因素进行量化分析，利用单因素法得到各因素对硅含量的影响。采取的方法是，先确定各因素的取值范围，取各自范围内的平均值，让第 i 个因素在其范围内从小到大变化，通过 AFIV-PSO-SVM 模型对铁水硅含量进行预测仿真，并绘制参数影响焦比趋势图，如图 5.18~图 5.23 所示。从而得到高炉生产数据输入变量与输出变量之间的变化关系。

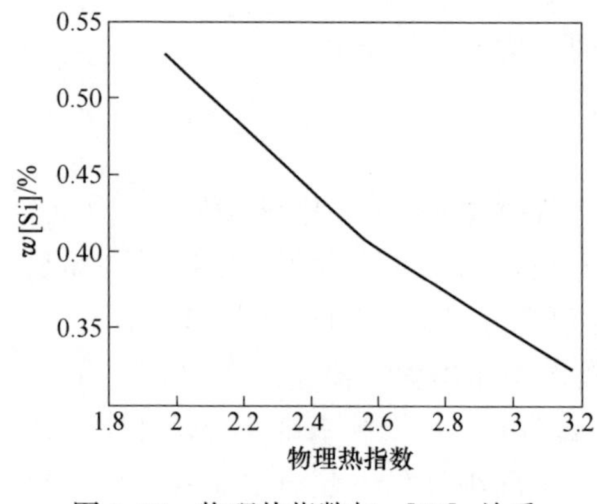

图 5.18　物理热指数与 w[Si] 关系

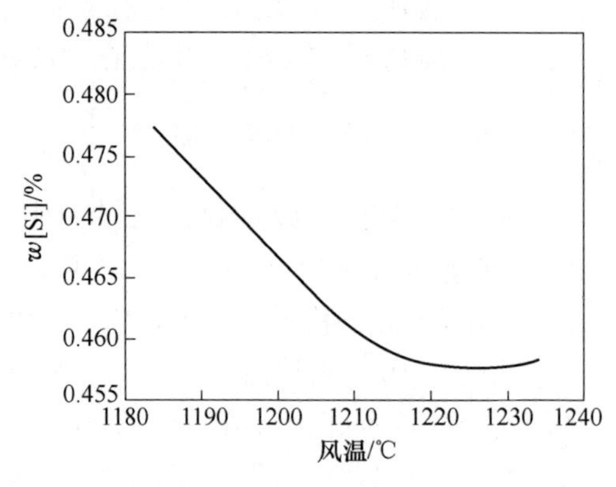

图 5.19　风温与 w[Si] 关系

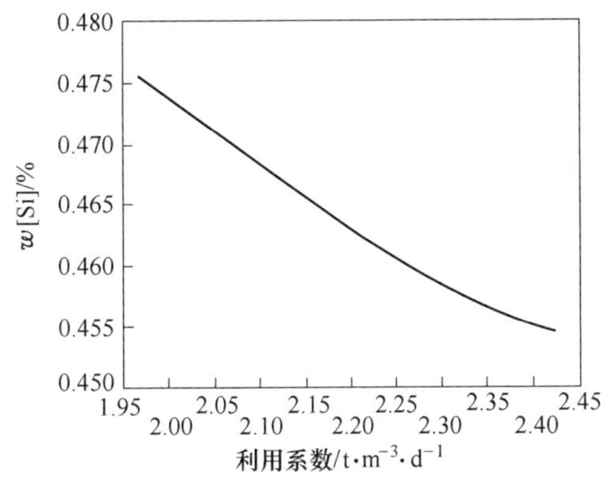

图 5.20 利用系数与 w[Si] 关系

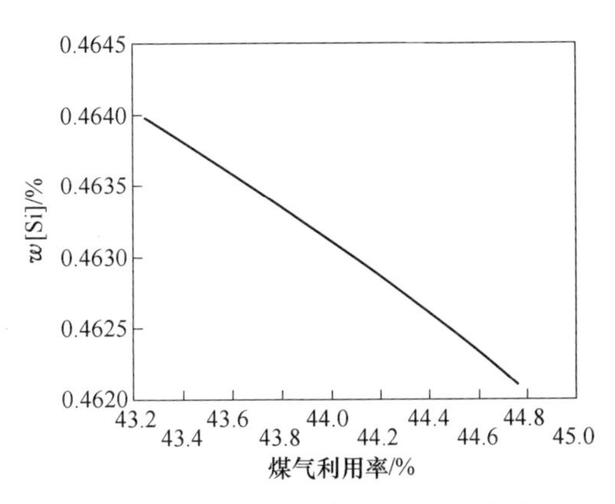

图 5.21 煤气利用率与 w[Si] 关系

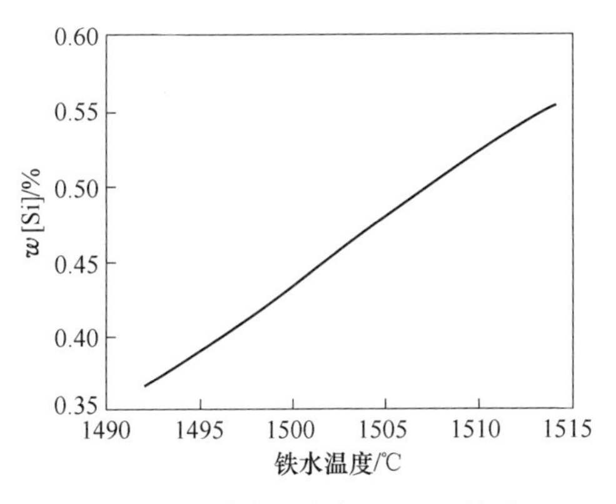

图 5.22 铁水温度与 w[Si] 关系

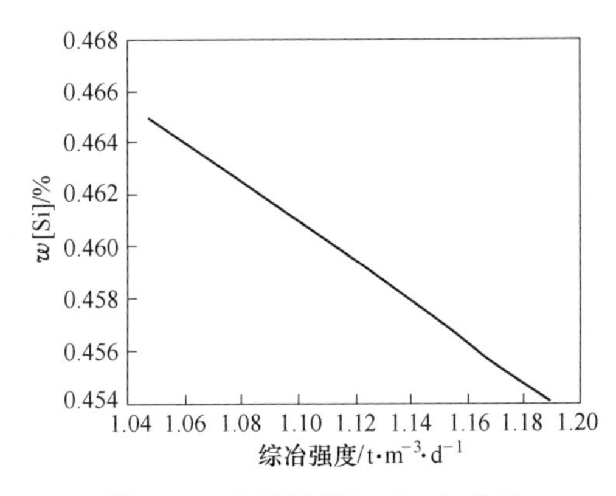

图 5.23 综冶强度与 w[Si] 关系

为了维持铁水硅含量在一个稳定范围内，可以通过调整图示中的相关参数来实现，包括综冶强度、高炉利用系数、煤气利用率、风温、铁水温度、物理热指数等。通过在预测模型上的单因素分析得出的结论与前文的相关性分析结果基本一致，再一次说明预测模型的有效性。

参考文献

[1] 王义康．高炉冶炼复杂性分析及支持向量机扩展建模预测研究［D］．杭州：浙江大学，2012.

[2] 潘伟．基于高斯过程的高炉炼铁过程辨识与预测［D］．杭州：浙江大学，2012.

[3] K. Omori. Blast furnace phenomena and modeling［M］. London：Elsevier Applied Science，1987.

[4] Austin P R，Nogami H，Yagi J. A mathematical model for blast furnace reaction analysis based

on the four fluid model [J]. ISIJ International, 1997, 37 (8): 748-755.

[5] Castro J A, Nogami H, Yagi J. Transient mathematical model of blast furnace base on multi-fluid concept, with application to high PCI operation [J]. ISIJ International, 2000, 40 (7): 637-646.

[6] H. Nogami, M. Chu, J. Yagi. Multi-dimensinal transient mathematical simulator of blast furnace process based on multi-fluid and kinetic theories [J]. Computers and Chemical Engineering, 2005 (29), 6: 2438-2448.

[7] 郜传厚，渐令，陈积明，等．复杂高炉炼铁过程的数据驱动建模及预测算法 [J]. 自动化学报, 2009, 35 (6): 725-730.

[8] 王茂华．高炉专家系统的开发与应用 [J]. 鞍钢技术, 2005 (1): 12-16.

[9] 刘金琨，王树青．高炉专家系统知识的实例学习 [J]. 控制理论与应用, 1998, 6 (15): 955-958.

[10] 高绪东．BP 神经网络在高炉铁水硅预报中的应用 [J]. 中国冶金, 2014, 24 (6): 24-26, 39.

[11] 邱东，仝彩霞，祁晓钰，等．基于神经网络的高炉铁水硅含量预报模型的研究 [J]. 冶金分析, 2009, 29 (2): 49-52.

[12] Chuanhou Gao, Jixin Qian. Evidence of chaotic behavior in noise from industrial process [J]. IEEE Transtaction on Signal Processing, 2007, 55 (6): 2877-2884.

[13] Shi-hua Luo, Xiang-guan Liu, Jiu-sun Zeng. Identification of multi-fractal characteristics of silicon content in blast furnace hot metal [J]. ISIJ International, 2007, 47 (8): 1102-1107.

[14] 曾九孙，刘祥官．主成分回归和偏最小二乘法在高炉冶炼中的应用 [J]. 浙江大学学报: 理学版, 2009, 29 (1): 33-36.

[15] 石琳，李志玲，崔桂梅．基于偏最小二乘回归的高炉铁水硅含量模型 [J]. 内蒙古大学学报（自然科学版）, 2010, 41 (4): 427-430.

[16] 渐令，刘祥官．支持向量机在铁水硅含量预报中的应用 [J]. 冶金自动化, 2005, 3: 33-36.

[17] 袁冬芳，赵丽，石琳，等．高炉铁水硅含量序列的支持向量机预测模型 [J]. 太原理工大学学报, 2014, 45 (5): 684-688.

[18] 吴胜利，刘茂林．基于模糊数学的高炉炉况预测模型 [J]. 钢铁, 2001, 36 (3): 12-14, 68.

[19] 李启会，刘祥官．高炉异常炉况的模糊预测模型 [J]. 中国冶金, 2007, 17 (4): 34-37.

[20] 桂卫华，阳春华．复杂有色冶金生产过程智能建模、控制与优化 [M]. 北京: 科学出版社, 2010.

[21] 刘朝华．混合免疫智能算法理论及应用 [M]. 北京: 电子工业出版社, 2014.

[22] 赵敏．高炉冶炼过程的复杂机理及其预测研究 [D]. 杭州: 浙江大学, 2008.

[23] Clerc M, Kennedy J. The particle swarm: explosion, stability, and convergence in a multi-dimensional complex space [J]. IEEE Transactions on Evolutionary Computation, 2004, 8

(6)：58-73.
[24] 朱海梅，吴永萍．一种高速收敛粒子群优化算法［J］．控制与决策，2010，25（1）：20-30.
[25] 郎志正．质量管理及其技术和方法［M］．北京：中国标准出版社，2003.
[26] 孙静．质量管理学［M］．北京：高等教育出版社，2011.
[27] 张军红．智能方法在炼铁系统实现多目标预测及优化的研究［D］．沈阳：东北大学，2004.

6 基于改进随机森林的铁水硅含量预测

在高炉冶炼过程中，炉温对高炉稳定、燃料消耗和产品质量都有相当大的影响。因为冶炼过程中高炉是封闭的，而且炉温极高，很难通过仪器测量炉温。铁水中硅的含量与炉缸温度近似呈线性增加关系，因此铁水硅含量能够间接反映高炉冶炼中的炉缸温度。随着机器学习理论的发展，铁水硅含量的预测可以为高炉操作人员提供一个重要的参考。机器学习模型如何更好地解决冶金领域的问题，成为了高炉生产中最热门的跨学科研究方向之一，本章在了解高炉冶炼工艺机理的情况下，从统计学角度分析高炉生产数据中各参数与铁水硅含量的相关性，并基于所选参数建立基于改进随机森林的铁水硅含量预测模型。

6.1 引　　言

为了使预测结果更加准确，长期以来国内外学者建立各种预测模型，包括神经网络模型、支持向量机模型、极限学习机模型、随机森林模型等。这些模型仍然存在一些问题，主要是预测命中率和预测精度不够高，既有模型参数优化的原因，也有输入参数选择方面的因素，输入参数选取只考虑统计数据的相关性，往往忽略了炼铁学的内部机理。

PSO 的全局探索能力强、搜索速度快、效率高，而且易于实现，因此广泛地应用于求解极值问题和模型参数的优化。已有相关文献提出了带视野的变邻域 PSO 和动态多群体的 PSO，都用于优化支持向量机。也有专家提出在 PSO 中引入模拟退火的局部开发机制。PSO 有优秀的全局探索能力，以上对 PSO 的改进主要在局部开发方面。考虑到模型参数优化的原因，通过改进智能优化算法优化模型参数可以解决机器学习有关参数选择的问题。黄金正弦算法（Golden Sine Algorithm，Gold-SA）是 Tanyildizi 等人于 2017 年提出的一种新型元启发式优化算法。Gold-SA 原理类似于正弦函数单位圆内扫描搜索空间，并且通过黄金分割率缩小搜索空间，以此逼近算法最优解。Gold-SA 具有设置参数少、寻优能力强、求解精度高等特点。国内已有专家开展了相关研究工作，将 Gold-SA 用于水文地质参数优化，将 Gold-SA 作为局部优化算子融合到原子优化算法中，将黄金正弦算法与模拟退火算法结合并应用于车辆路径问题等。针对 PSO 的搜索精度不高的问题，本章介绍一种黄金正弦粒子群优化算法（GSPSO，Golden Sine Particle

Swarm Optimization)，在 PSO 的局部开发中将模拟退火状态转换的思想加入黄金正弦操作，全局探索由 PSO 负责。此外，改进 PSO 的惯性权重递减方式为指数递减，实验表明 GSPSO 的局部开发能力增强，搜索精度提高。

本章从炼铁学角度进行深层次的分析，找出影响铁水硅含量波动的主要输入参数；再从统计学分析，计算出输入参数与铁水硅含量的相关性系数和显著性水平。选出的输入参数既在高炉反应中影响硅含量，又在统计数据上与硅含量显著相关，以此形成高质量的数据集，从根本上提高铁水硅含量预测模型的命中率。随机森林（RF，Random Forests）是一种集成学习模型，预测性能比一般模型更好，最后将基于 GSPSO 优化的 RF 模型用于铁水硅含量预测，与 SVM 和 GSPSO 优化的 SVM 进行对比，结果表明 GSPSO-RF 相比于 SVM 和 GSPSO-SVM 有更高的预测命中率和更小的平均绝对误差。

6.2 改进粒子群优化算法

6.2.1 黄金正弦算法

Gold-SA 在位置更新过程中引入黄金分割系数 x_1 和 x_2，这些系数使“搜索”和“开发”达到平衡，还可以缩小搜索空间趋近最优解。x_1 和 x_2 的公式如下：

$$x_1 = a(1-t) + bt \tag{6.1}$$

$$x_2 = at + b(1-t) \tag{6.2}$$

式中 t——黄金分割比率，$t=(\sqrt{5}-1)/2$；

a，b——初始值分别为$-\pi$ 和 π。

迭代中随着全局最优值的变化而更新，x_1 和 x_2 也随之更新。

设问题的解对应个体在搜索空间中的位置，解为 N 维，用 $V_i(t)$ 表示第 i 个个体在第 t 次迭代的位置，$V_i(t)=(V_i^1, V_i^2, \cdots, V_i^N)$，用 $D(t)$ 表示第 t 次迭代的全局最优位置，$D(t)=(D^1, D^2, \cdots, D^N)$，则 Gold-SA 的位置更新公式如下：

$$V_i^d(t+1) = V_i^d(t)\,|\sin(r_1)| - r_2 \cdot \sin(r_1)\,|x_1 D^d(t) - x_2 V_i^d(t)| \tag{6.3}$$

式中 r_1，r_2——随机数，$r_1 \in [0, 2\pi]$，$r_2 \in [0, \pi]$；

d——解的第 d 维。

6.2.2 改进粒子群优化算法

为了提高粒子群优化算法的寻优能力和寻优精度，针对 PSO 的惯性权重递减策略，本章采用指数递减方式，递减公式如下：

$$\omega = \exp(-t/T_{\max}) \tag{6.4}$$

式中　t——当前迭代次数；

T_{max}——最大迭代次数。

受到模拟退火算法的启发，对传统粒子群算法的局部开发能力进行改进，融合黄金正弦操作，提出黄金正弦粒子群优化算法（GSPSO）。

模拟退火算法在进行优化时先确定初始温度，随机选择一个初始状态 i ，计算该状态的能量值 E_i 。更新状态后，再计算新状态 j 的能量值 E_j 。如果新状态的能量值较好，则接受新状态 j 。如果新状态较差，则在［0，1］之间产生随机数 ξ ，如果 $r > \xi$ ，则接受新状态 j ；否则仍然保留状态 i 。其中，r 的计算公式如下：

$$r = \exp \frac{-(E_j - E_i)}{T} \tag{6.5}$$

式中　exp——以自然常数 e 为底的指数函数；

T——退火温度。

受到模拟退火算法状态转移的启发，把模拟退火算法的状态转移机制应用到对粒子群算法的改进中。在迭代过程中保存上一次迭代的粒子位置 $x(t-1)$。在第 t 次迭代中，根据 $x(t-1)$ 由式（2.31）和式（2.32）得到新位置 $x(t)$，计算新位置 $x(t)$ 的适应度。如果新位置的适应度比当前的全局最优值更好，则更新全局最优，赋值 $x(t-1)=x(t)$ ，进入下一次迭代；否则对 $x(t-1)$ 进行黄金正弦操作获得新的 $x(t)$，计算新位置 $x(t)$ 的适应度，根据新适应度的优劣更新全局最优，然后赋值 $x(t-1)=x(t)$，进入下一次迭代。

具体步骤如下。

步骤 1：对算法各参数进行初始化。

步骤 2：初始化指定规模的种群，根据目标函数计算每个个体的适应度，记录个体最优和全局最优。

步骤 3：如果 $t < t_{max}$ ，执行步骤 4；否则执行步骤 10。

步骤 4：根据式（2.32）更新粒子的速度。

步骤 5：根据式（2.31）更新粒子的位置。

步骤 6：计算新位置的适应度。

步骤 7：检查新位置的适应度是否更优。如果更优，则更新全局最优适应度，赋值 $x(t-1)=x(t)$ 保存新位置，返回步骤 3；否则执行步骤 8。

步骤 8：根据式（6.3）更新粒子的位置。

步骤 9：计算新位置的适应度，根据新适应度的优劣更新全局最优适应度，赋值 $x(t-1)=x(t)$ 保存新位置，返回步骤 3。

步骤 10：输出全局最优位置和全局最优适应度。

GSPSO 的算法流程图如图 6.1 所示。

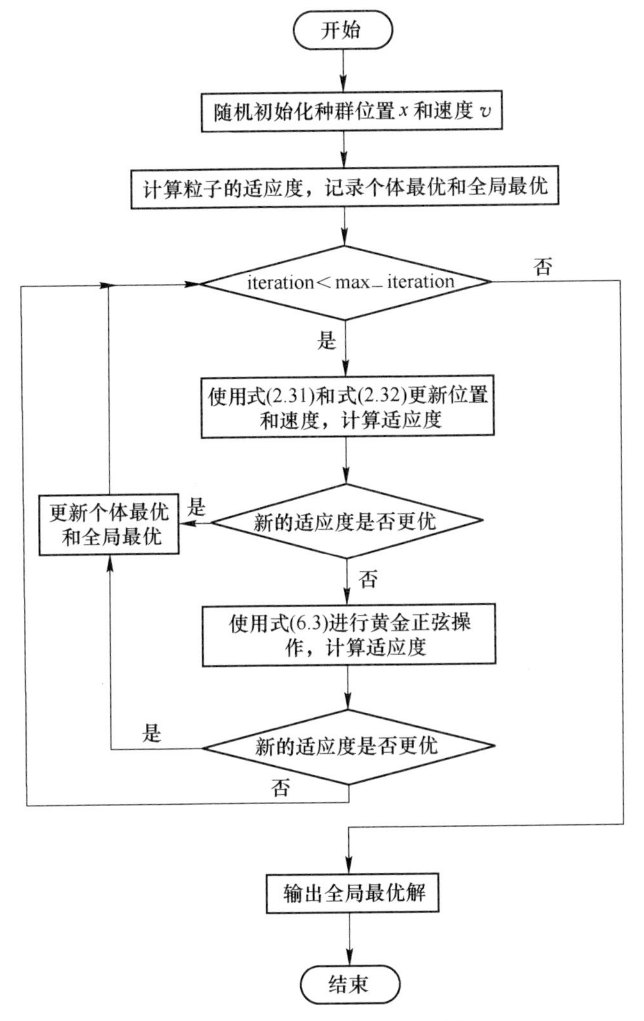

图 6.1 GSPSO 算法流程图

6.3 测试函数验证

6.3.1 实验参数设置

选取传统的粒子群优化算法（PSO）、灰狼优化算法（GWO）、黄金正弦粒子群优化算法（GSPSO）进行对比验证，使用 Python 语言编程。实验中，迭代次数为 1000 次，种群规模为 10，测试函数的解空间维度为 10，运行 20 次。根据以往经验，设置 PSO 的局部学习因子 $c_1 = 0.2$，全局学习因子 $c_2 = 0.3$，惯性权重 $\omega = 1$。

6.3.2　测试函数

为了验证算法的性能，在 6 个基本测试函数上运行了 PSO、GWO 和 GSPSO 三个算法，进行对比实验。其中，f_1 ~ f_3 为单峰函数，f_4 ~ f_6 为多峰函数，测试函数具体信息见表 6.1。实验结果见表 6.2。

表 6.1　测试函数

函　　数	范　　围	$f_{\min}$
$f_1(x) = \sum_{i=1}^{n} x_i^2$	[- 100, 100]	0
$f_2(x) = \sum_{i=1}^{n} \lvert x_i \rvert + \prod_{i=1}^{n} \lvert x_i \rvert$	[- 10, 10]	0
$f_3(x) = \max_i \{ \lvert x_i \rvert, 1 \leqslant i \leqslant n\}$	[- 100, 100]	0
$f_4(x) = \sum_{i=1}^{n} [x_i^2 - 10\cos(2x_i\pi) + 10]$	[- 5.12, 5.12]	0
$f_5(x) = \frac{1}{4000}\sum_{i=1}^{n} x_i^2 - \prod_{i=1}^{n}\cos(\frac{x_i}{\sqrt{i}}) + 1$	[- 600, 600]	0
$f_6(x) = -20\exp\left(-0.2\sqrt{\frac{1}{n}\sum_{i=1}^{n} x_i^2}\right) - \exp\left[\frac{1}{n}\sum_{i=1}^{n}\cos(2\pi x_i)\right] + 20 + e$	[- 32, 32]	0

表 6.2　实验结果

函数	算法	最优值	平均值	最差值
f_1	GWO	5.25×10^{-178}	1.2296×10^{-168}	2.4436×10^{-167}
	PSO	1.27046×10^{-21}	3.21169×10^{-15}	5.99251×10^{-14}
	GSPSO	0	0	0
f_2	GWO	6.53945×10^{-99}	1.94349×10^{-94}	2.23189×10^{-93}
	PSO	4.85973×10^{-8}	0.024391209	0.317523335
	GSPSO	2.6302×10^{-191}	1.8254×10^{-184}	2.0277×10^{-183}
f_3	GWO	2.89404×10^{-51}	1.42659×10^{-46}	1.45609×10^{-45}
	PSO	0.000122538	0.070499468	0.498645697
	GSPSO	4.0674×10^{-192}	8.7421×10^{-181}	1.7453×10^{-179}
f_4	GWO	0	0.418757575	5.346141264
	PSO	2.002504621	6.047133723	11.93950029
	GSPSO	0	0	0
f_5	GWO	0	0.024481762	0.104378212
	PSO	0.039375088	0.168153111	0.539093075
	GSPSO	0	0	0

续表 6.2

函数	算法	最优值	平均值	最差值
f_6	GWO	3.9968×10^{-15}	4.17444×10^{-15}	7.54952×10^{-15}
	PSO	1.28342×10^{-13}	0.414134233	2.013315236
	GSPSO	4.44089×10^{-16}	4.44089×10^{-16}	4.44089×19^{-16}

测试函数的平均适应度收敛图如图 6.2~图 6.7 所示。

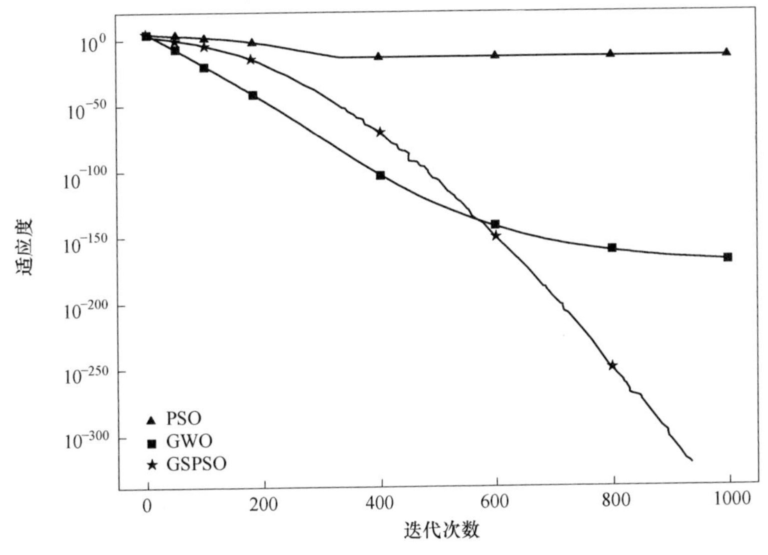

图 6.2 f_1 的收敛曲线

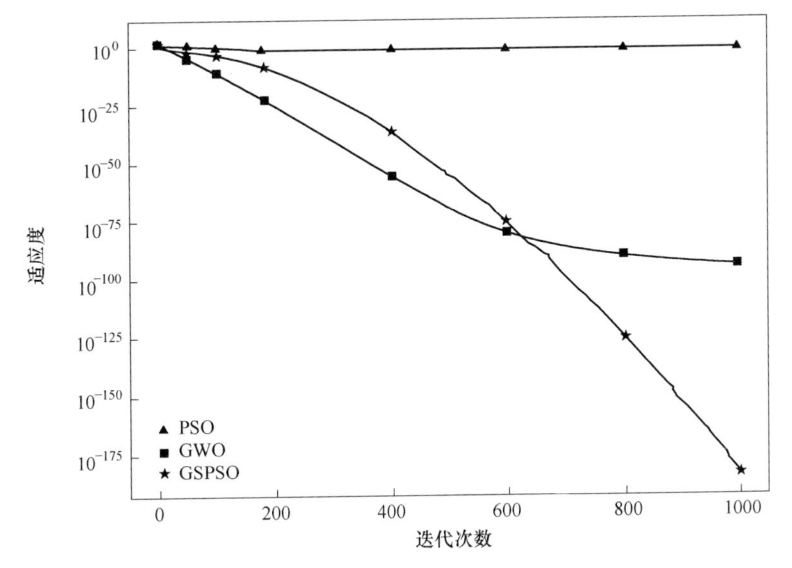

图 6.3 f_2 的收敛曲线

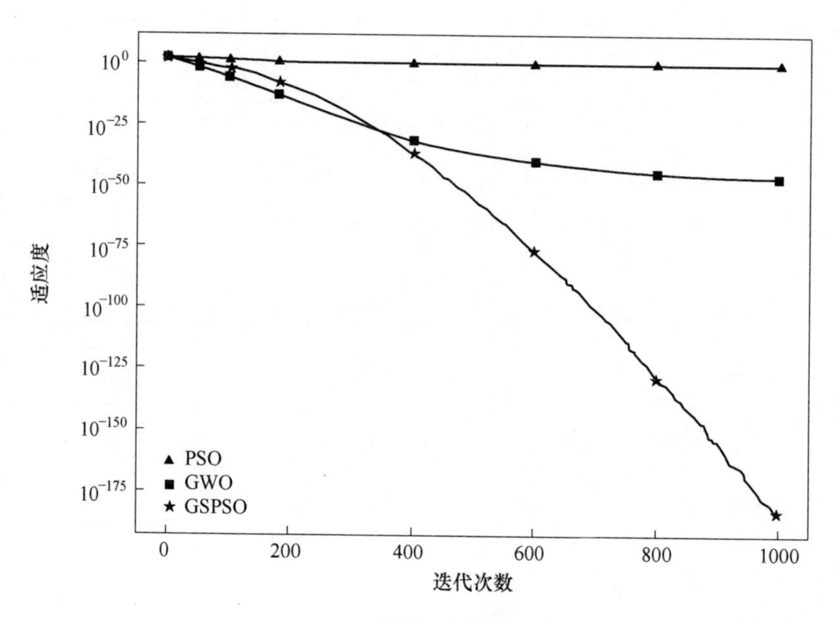

图 6.4　f_3 的收敛曲线

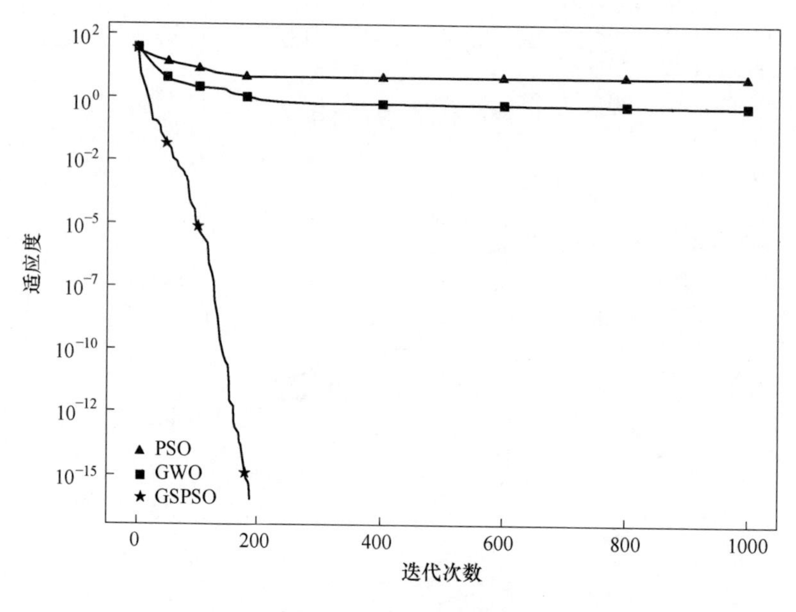

图 6.5　f_4 的收敛曲线

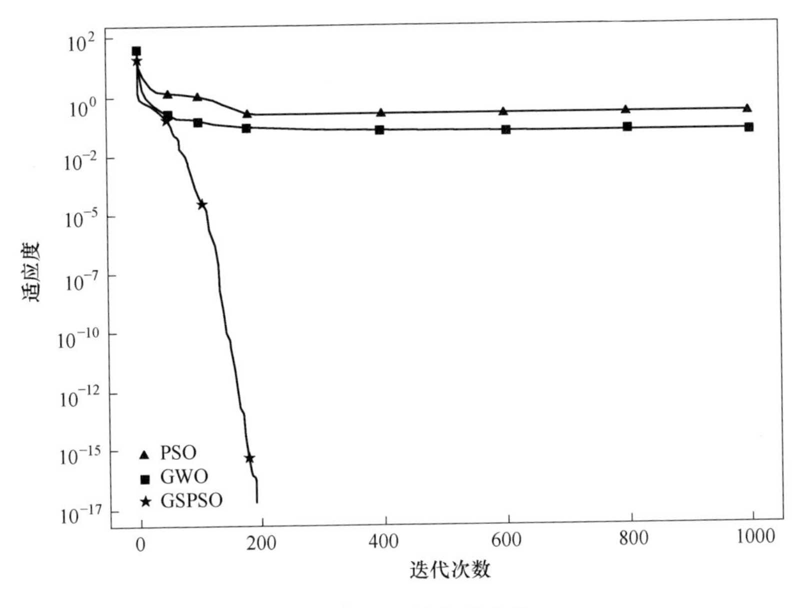

图 6.6 f_5 的收敛曲线

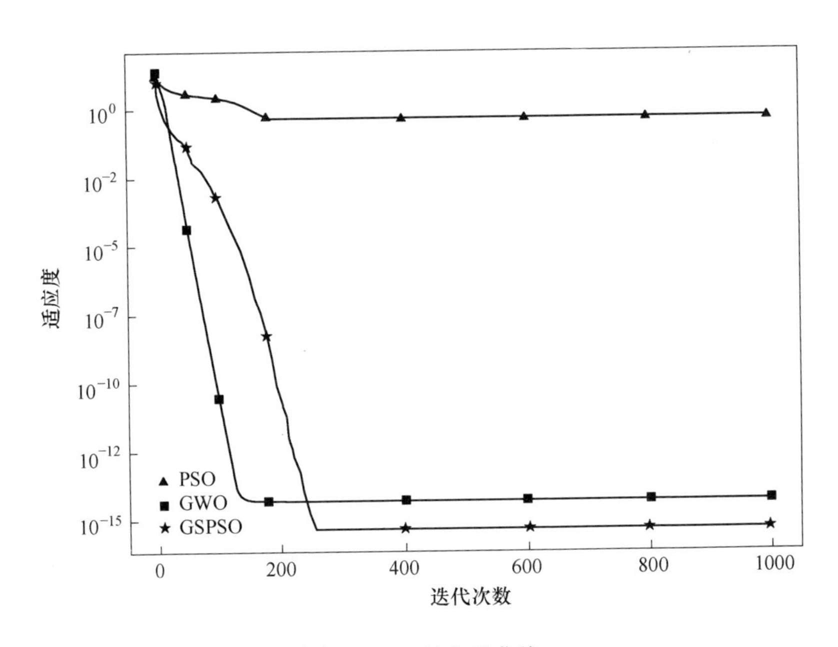

图 6.7 f_6 的收敛曲线

从表 6.2 和图 6.2~图 6.7 可以得出结论，将黄金正弦操作融合到 PSO 中，增强了局部开发能力，提高了搜索精度。在 f_1、f_4、f_5 三个测试函数上，GSPSO

算法均搜索到理论最优值，在f_2、f_3、f_6三个测试函数上，虽然GSPSO没有搜索到理论最小值，但该算法的最优值、平均值和最差值较其他算法优势明显。GSPSO与PSO和GWO算法相比，其寻优精度和寻优速度都有明显的优势，找到的最优值更逼近实际的全局最优值，仅f_4和f_5的最优值与GWO相同，但是都找到了函数实际的最优值。最差值方面也有一定的优势。从收敛曲线中还可看出以下信息：由于搜索精度的提高，在f_1 ~ f_3单峰函数上GSPSO的寻优结果稳定递减；在f_4 ~ f_6多峰函数上GSPSO能快速定位最优值的范围，全局探索和局部开发能力更平衡；虽然GWO对比PSO有明显的优势，但是对加入黄金正弦操作后的粒子群算法没有任何优势。以上实验充分说明了改进思路的可行性，以及改进后的明显优势。

6.4 特征选择

6.4.1 输入参数选择

输入参数对铁水硅含量的影响，往往决定着预测模型的命中率，好的输入参数是高命中率的基础。因此，输入参数的选取是最重要的一个环节。在高炉冶炼过程中有很多参数，各参数之间存在较高的耦合性，很难选择出能够准确预测铁水硅含量的参数。如果将全部的参数输入到模型中训练，模型的复杂度会变高，泛化性能降低。在以往的论文中，通常采用统计学的方法，分析输入参数与硅含量的相关性，选择相关性较大的参数，希望通过相关性较大的参数推断硅含量的值。基于统计学分析的相关性可能仅在训练数据中适用，在测试数据中可能会失效或者测试集上的命中率明显降低。输入参数倾向于统计学分析时，缺乏深层次的冶炼理论支持，模型的泛化性能较低。

在高炉冶炼过程中，高炉内铁的氧化物用CO还原，生成CO_2，并主要为放热反应，这类还原反应称为间接还原；若以C还原，生成CO，并且吸收大量热量，这类还原反应称为直接还原。H_2一部分取代CO参加还原，大部分代替C进行还原。总的来说，直接还原消耗热量多，间接还原消耗热量少甚至放热。在影响铁水硅含量的众多因素中，最为直接、最为主要的因素就是铁的直接还原。铁的氧化物在高炉里的还原是充分的，而且是按照间接还原到直接还原的顺序进行的。氧化铁在高炉中部、上部区被CO、H_2间接还原，生产CO_2和H_2O，余下的氧化铁在高温区被碳直接还原。高炉煤气中CO_2的含量，表明了煤气能量利用的程度和铁矿石还原的情况；CO_2含量的变化，也就反映了铁的直接还原度的变化。高炉生产的主要任务是尽可能利用高炉煤气中的CO（与少量的H_2）的还原能力，使矿石在熔化前还原得好，减少氧化铁在高炉下部的直接还原，也减少碳的消耗量。碳的消耗量增加，燃料比也增加，此时高炉中的碳会比平时多，多余的碳则会增加硅元素的还原，导致铁水硅含量升高。理想状态下，更多地利用高炉煤气中的 CO 的还原能力，减少碳的消耗量和燃料比，减少硅元素的还原。

从以上分析中得知，煤气中 CO 和 H_2的量会影响铁的还原状况。燃料比的大小影响高炉中碳的多少，碳的多少影响着硅的还原。因此加速铁矿石在固态下的还原对降低直接还原度与燃料比，改善高炉技术经济指标具有重大意义。根据铁矿石的还原机理可知，影响矿石还原速度主要取决于矿石的特性以及煤气流条件。矿石特性主要是指提高矿石的还原性，包括粒度、气孔度和矿物组成等。煤气流条件是指煤气温度、压力、流速和成分以及煤气流性质和分布规律等。考虑到高炉生产的实际操作和建模需求，下面主要分析煤气流条件对还原反应的影响。

风温参数代表着煤气温度，足够高的煤气温度是进行还原反应的必备条件，提高温度对改善扩散和加速还原反应，效果十分显著。风速参数代表着煤气流的流速，在临界流速范围内，提高煤气流速，有利于边界层外扩散的进行，可促进还原。风压代表着煤气压力，在动力学范围，提高压力可加速还原，并且在低压水平阶段时的效果较显著。

基于以上分析，高炉铁水硅含量预测模型选取的输入参数是燃料比、风温、风速、风压、煤气利用率、煤气成分的浓度等。

6.4.2 相关性分析

预测模型基于统计数据的推断，仅从炼铁学分析硅含量的影响因素不够全面，还应基于统计学分析输入参数与硅含量的相关性系数，相关性高的输入参数往往能取得更好的预测结果。本节采用皮尔逊相关系数，一般相关性系数的绝对值越高表明两参数越相关，大于 0 代表正相关。皮尔逊相关性系数 r 的计算公式如下：

$$r = \frac{\sum_{i=1}^{n}(X_i - \overline{X})(Y_i - \overline{Y})}{\sqrt{\sum_{i=1}^{n}(X_i - \overline{X})^2}\sqrt{\sum_{i=1}^{n}(Y_i - \overline{Y})^2}} \tag{6.6}$$

各输入参数的相关性系数见表 6.3。

表 6.3 输入参数的相关系数

输入参数	相关系数 r
燃料比	0.5262
热风压力	−0.4511
煤气利用率	−0.5454
风速	−0.2791

续表 6. 3

输入参数	相关系数 r
热风温度	−0. 5208
CO	−0. 1724
CO_2	−0. 6082
H_2	−0. 3681
N_2	0. 5535

6. 5　对比实验

6. 5. 1　GSPSO-RF 建模

实验数据采用国内某钢铁厂的实际生产数据，数据共计 1039 条，其中，训练数据 727 条，测试数据 312 条。随机森林算法有 3 个比较重要的参数，分别是决策树的最大深度、使用的最大特征数、决策树的棵数。最大深度决定着决策树的泛化性能。深度太大时，模型复杂度高，容易过拟合。最大特征数决定了对训练数据的学习程度。决策树的棵数是随机森林的一个重要参数，它决定着训练时间的长短和准确率的高低。先用 GSPSO 对随机森林的 3 个参数进行寻优。GSPSO 的迭代次数为 200，种群规模为 10，解空间维度为 3，运行 10 次。随机森林的平均收敛曲线如图 6. 8 所示。

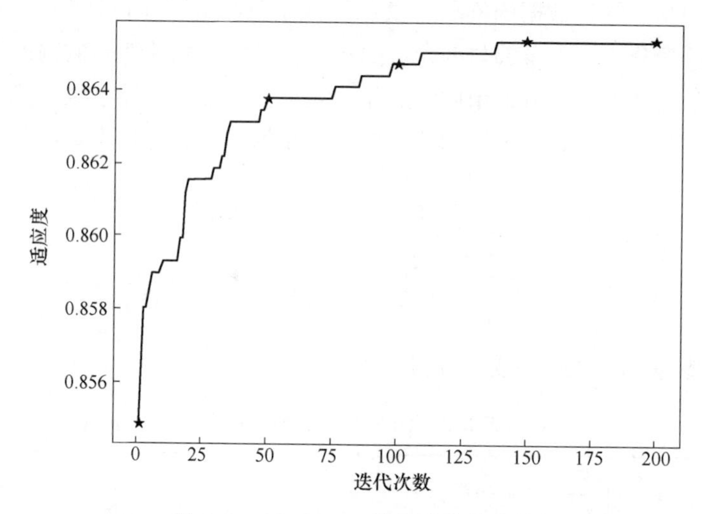

图 6. 8　GSPSO-RF 的平均收敛曲线

查看全局最优解，可知决策树的最大深度为 17，最大特征数为 5，决策树的棵数为 133。把参数代入随机森林重新训练，即可得到铁水硅含量预测模型。

6.5.2 对比模型建模

为了验证GSPSO-RF建模方法的有效性和优势，创建了3个对比模型，分别是人工优化的随机森林和支持向量机，还有GSPSO优化的支持向量机。支持向量机的优化参数主要有4个，γ是核函数的系数，其越大，支持向量影响区域越小，决策边界倾向于只包含支持向量，模型复杂度高，容易过拟合，该值非常重要，不能太小或太大。C是惩罚系数，tol是能够接受的误差。对于损失距离度量ε，它决定了样本点到超平面的距离损失。当ε比较大时，损失较小，更多的点在损失距离范围之内，支持向量的个数少，模型简单，当ε比较小时，损失函数会较大，支持向量的个数多，模型会变得复杂。SVM的核函数采用径向基函数，平均收敛曲线如图6.9所示。

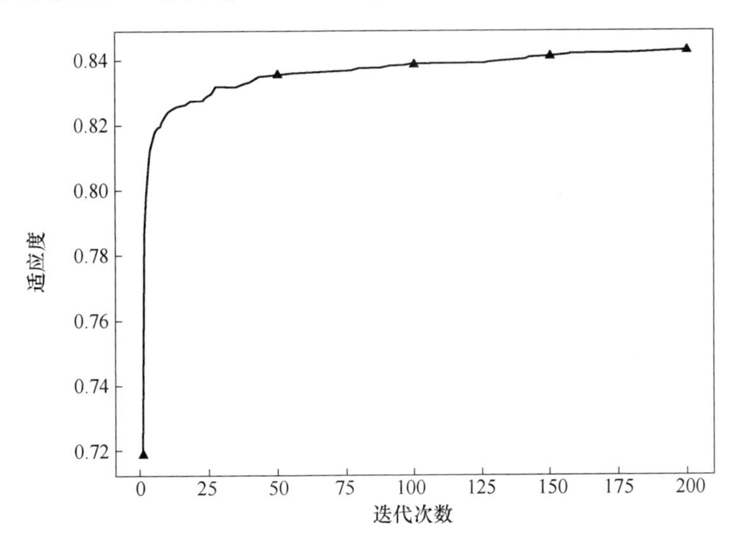

图6.9 GSPSO-SVM的平均收敛曲线

查看全局最优解，可知$\gamma = 0.0105649$，$C = 0.06613014$，$tol = 0.04788811$，$\varepsilon = 0.01578042$。把参数代入SVM，重新训练，可得到硅含量预测模型。

6.5.3 结果对比

从预测命中率、平均绝对误差两个方面对模型的性能进行评估。

(1) 预测命中率（Hit Rate）。

$$H_{\text{rate}} = \frac{1}{N}\sum_{i=1}^{N} I(|y_i - \hat{y}_i| \leqslant 0.05) \times 100\% \tag{6.7}$$

式中 y_i——测试集第i条数据的真实值；

$\hat{y}_i$——测试集的第i个预测值；

I——指示函数（Indicator Function），输入 True 时，输出为 1，输入 False 时，输出为 0；

N——测试集的样本数量，先进高炉硅含量的波动范围不高于 0.1%，考虑到上下波动，把误差设置为 0.05%。

（2）平均绝对误差（Mean Absolute Error）。

$$\text{MAE} = \frac{1}{N}\sum_{i=1}^{N} |y_i - \hat{y}_i| \tag{6.8}$$

为了验证模型的性能，将三种模型进行仿真实验对比，H_{rate} 和 MAE 的结果对比见表 6.4。

表 6.4　预测结果对比

模　型	H_{rate}	MAE
SVM	80.76%	0.03418691684509517
GSPSO-SVM	85.57%	0.03271539068568513
GSPSO-RF	87.17%	0.029821164874625872

从表 6.4 可以看出，GSPSO-SVM 的 H_{rate} 和 MAE 都明显优于网格搜索优化的 SVM。GSPSO-SVM 的 H_{rate} 提高了 4.81%，MAE 降低 0.00147 左右，说明 GSPSO 的寻优能力对比网格搜索有明显的优势，提高了寻优速度和寻优精度。GSPSO-RF 的 H_{rate} 相比 GSPSO-SVM 提高了 1.6%，MAE 降低 0.00289 左右，说明选择的 RF 性能优于 SVM。

图 6.10～图 6.15 详细显示了 312 个测试样本的预测值和预测误差，从图中

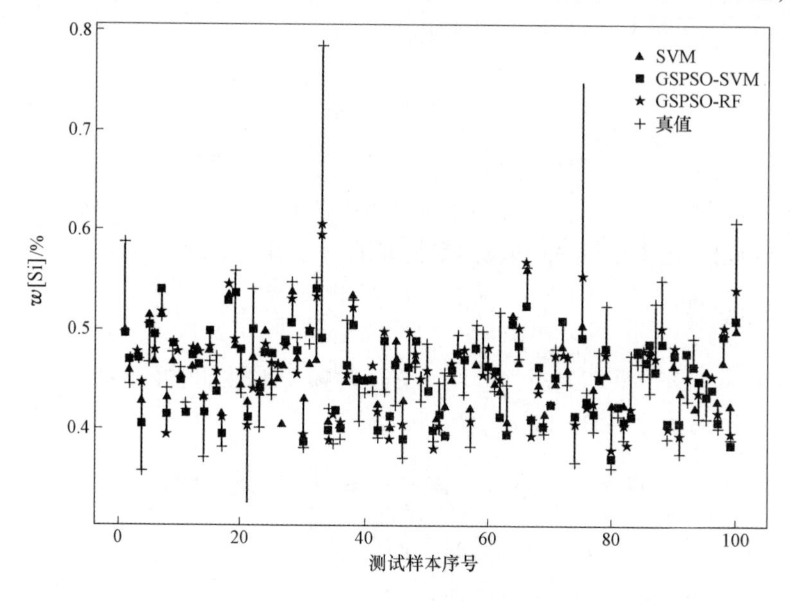

图 6.10　1～100 号测试样本的预测值

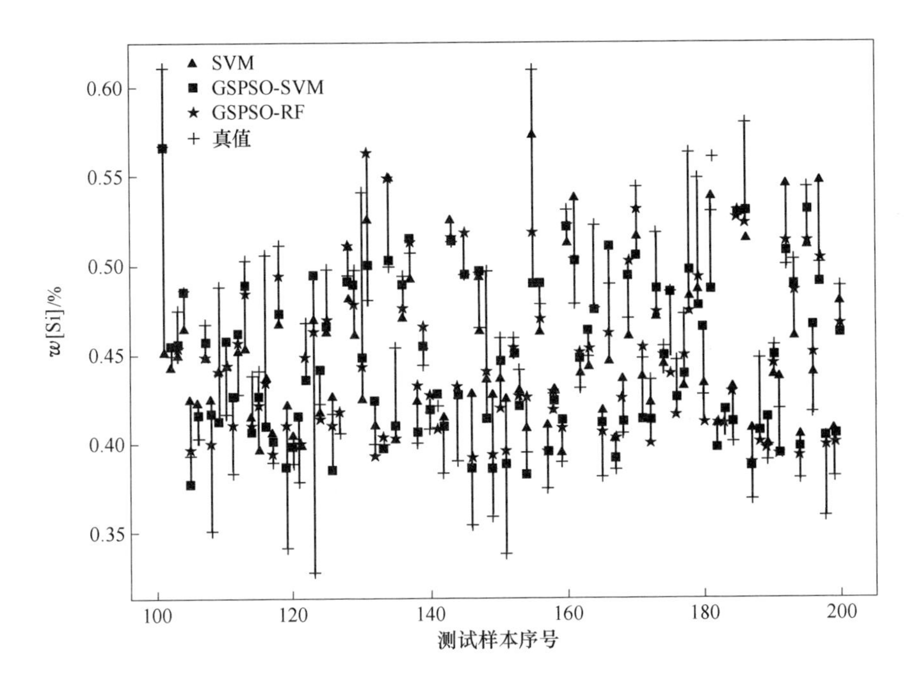

图 6.11 101~200 号测试样本的预测值

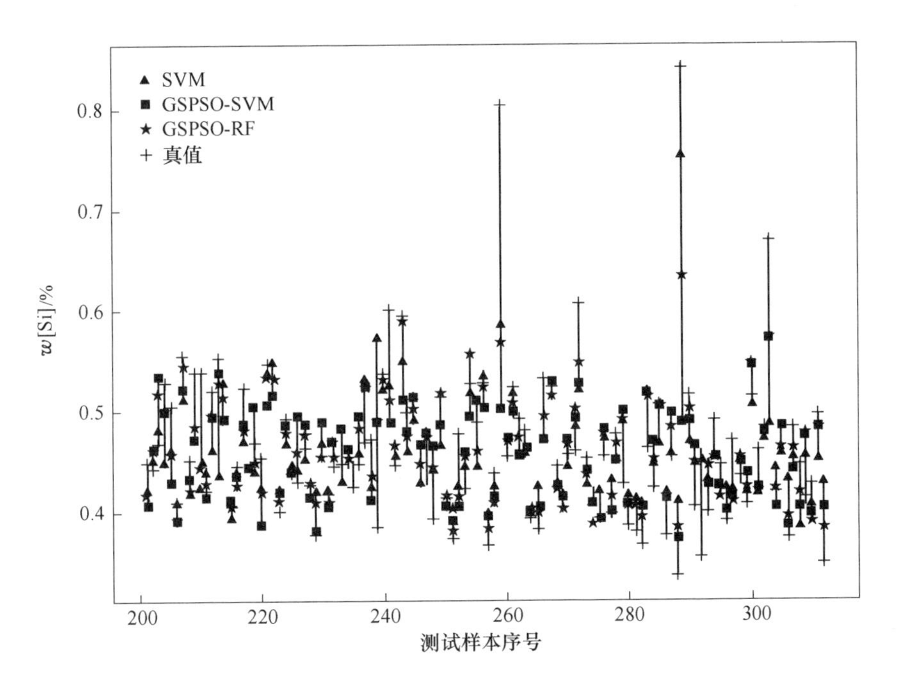

图 6.12 201~312 号测试样本的预测值

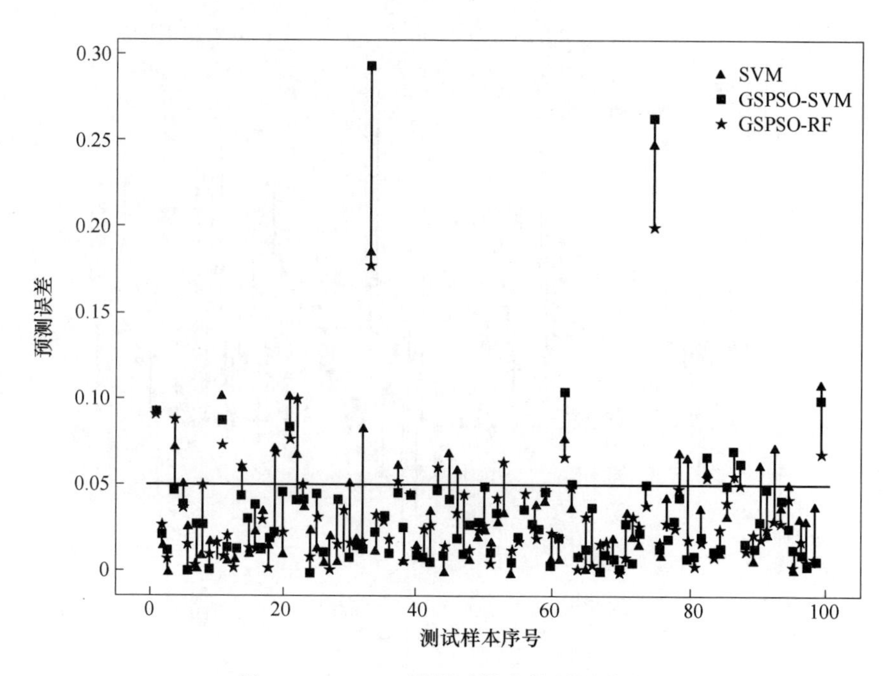

图 6.13 1~100 号测试样本的预测误差

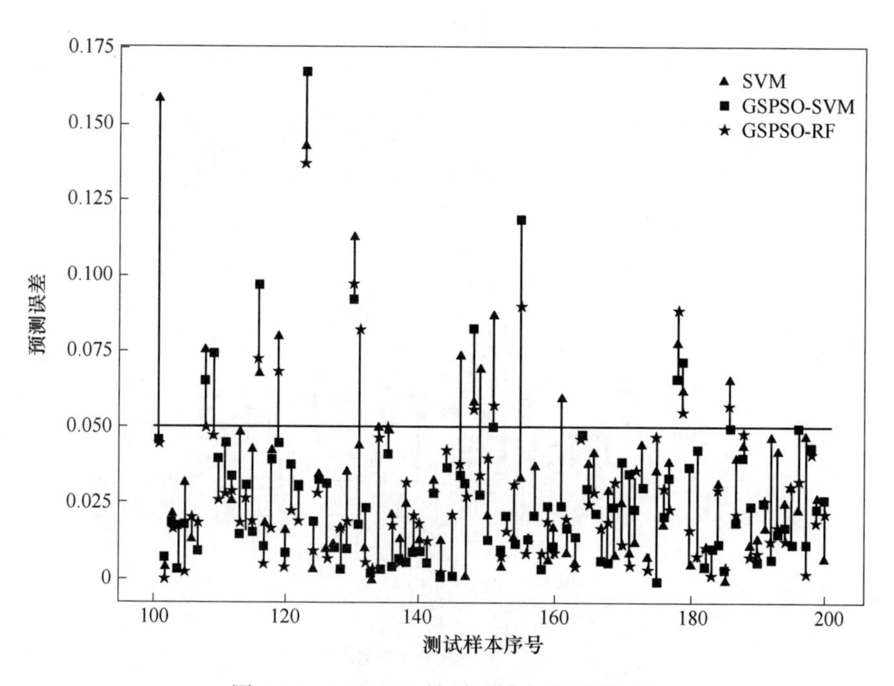

图 6.14 101~200 号测试样本的预测误差

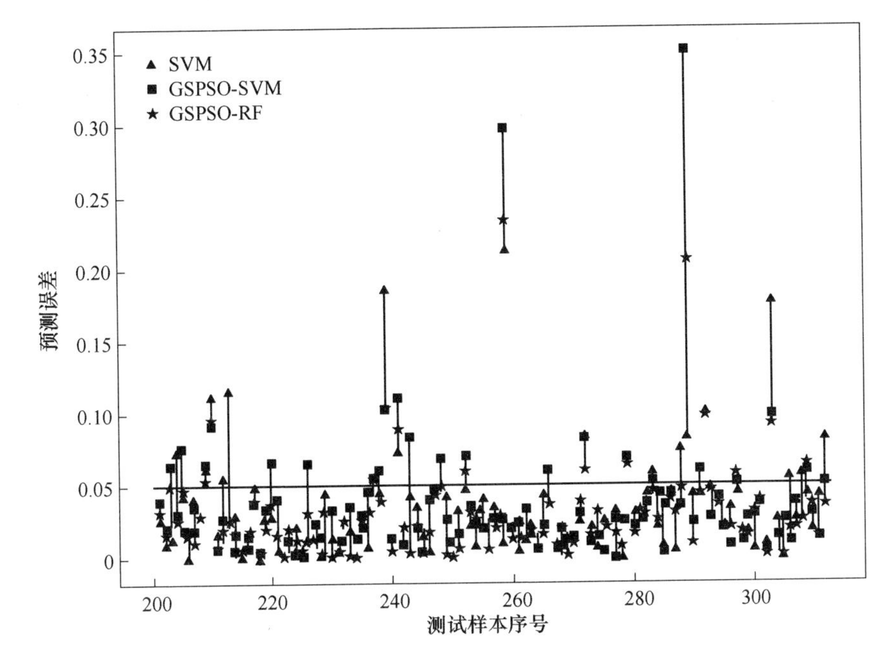

图 6.15　201~312 号测试样本的预测误差

可以看出 GSPSO-RF 算法预测值与实际值较为接近，从误差图上可以看出五角星整体排列偏低，说明预测误差较其他两种算法更低。

参 考 文 献

[1] 李瑞峰. 高炉炼铁多元铁水质量参数的 M-SVR 软测量建模及其软件实现 [D]. 沈阳：东北大学，2015.

[2] 蒋珂，蒋朝辉，谢永芳，等. 大型高炉铁水硅含量变化趋势的智能预报 [J]. 控制工程，2020，27（3）：540-546.

[3] 高绪东. BP 神经网络在高炉铁水硅预报中的应用 [J]. 中国冶金，2014，24（6）：24-26，39.

[4] 文冰洁，吴胜利，周恒，等. 基于 BP 神经网络的 COREX 铁水硅含量预测模型 [J]. 钢铁研究学报，2018，30（10）：776-781.

[5] 李泽龙，杨春节，刘文辉，等. 基于 LSTM-RNN 模型的铁水硅含量预测 [J]. 化工学报，2018，69（3）：992-997.

[6] 尹林子，李乐，蒋朝辉. 基于粗糙集理论与神经网络的铁水硅含量预测 [J]. 钢铁研究学报，2019，31（8）：689-695.

[7] 崔泽乾，韩阳，杨爱民，等. 基于神经网络时间序列模型的高炉铁水硅含量智能预报 [J]. 冶金自动化，2021，45（3）：51-57.

[8] 庄田，杨春节. 基于 Elman-Adaboost 强预测器的铁水硅含量预测方法 [J]. 冶金自动化，

2017, 41 (4): 1-6, 17.

[9] 周平, 刘进进. 基于 Stacking 的高炉铁水质量区间预测 [J]. 控制与决策, 2021, 36 (2): 335-344.

[10] 杨凯, 金永龙, 何志军. 基于变邻域粒子群算法的铁水硅含量稳定性分析 [J]. 钢铁研究学报, 2017, 29 (2): 87-92, 97.

[11] 赵宁, 王玉英, 杨凡, 等. 主成分分析和最小二乘支持向量机模型在铁水硫和硅含量预测中的应用 [J]. 冶金分析, 2020, 40 (2): 1-6.

[12] 渐令, 龚淑华, 王义康. 基于支持向量机的高炉铁水硅含量多类别分类 [J]. 浙江大学学报 (理学版), 2007 (3): 282-285.

[13] 渐令, 刘祥官. 支持向量机在铁水硅含量预报中的应用 [J]. 冶金自动化, 2005 (3): 33-36.

[14] Xia Xu, Changchun Hua, Yinggan Tang, et al. Modeling of the hot metal silicon content in blast furnace using support vector machine optimized by an improved particle swarm optimizer [J]. Neural Computing and Applications, 2016, 27 (6).

[15] 孙洁, 崔婷婷, 徐彬, 等. 基于 IGA-ELM 的高炉铁水硅含量预测 [J]. 华北理工大学学报 (自然科学版), 2020, 42 (1): 25-29.

[16] 方一鸣, 赵晓东, 张攀, 等. 基于改进灰狼算法和多核极限学习机的铁水硅含量预测建模 [J]. 控制理论与应用, 2020, 37 (7): 1644-1654.

[17] 关心. 基于花朵授粉优化极限学习机的高炉铁水硅含量预测 [J]. 电子测量技术, 2020, 43 (4): 77-80.

[18] Yongliang Yang, Sen Zhang, Yixin Yin. A modified ELM algorithm for the prediction of silicon content in hot metal [J]. Neural Computing and Applications, 2016, 27 (1).

[19] Haigang Zhang, Sen Zhang, Yixin Yin, et al. Prediction of the hot metal silicon content in blast furnace based on extreme learning machine [J]. International Journal of Machine Learning and Cybernetics, 2018, 9 (10): 1697-1706.

[20] 王文慧, 刘祥官, 刘学艺. 基于随机森林算法的高炉铁水硅质量分数预测模型 [J]. 冶金自动化, 2014, 38 (5): 33-38.

[21] 郑城, 张洁, 吕佑龙, 等. 基于改进粒子群算法的晶圆良率优化方法 [J/OL]. 计算机集成制造系统: 1-17 [2021-06-01].

[22] 高鹰, 谢胜利. 基于模拟退火的粒子群优化算法 [J]. 计算机工程与应用, 2004 (1): 47-50.

[23] Tanyildizi E, Demir G. Golden sine algorithm: a novel math-inspired algorithm [J]. Advances in Electrical and Computer Engineering, 2017, 17 (2): 71-78.

[24] Erkan Tanyildizi. A novel optimization method for solving constrained and unconstrained problems: modified golden sine algorithm [J]. Turkish Journal of Electrical Engineering and Computer Science, 2018 (6).

[25] 周有荣, 李娜, 周发辉. 黄金正弦算法在水文地质参数优化中的应用 [J]. 人民珠江, 2020, 41 (6): 117-120, 128.

[26] 肖子雅，刘升．黄金正弦混合原子优化算法［J］. 微电子学与计算机，2019，36（6）：21-25.

[27] 于建芳，刘升．黄金正弦模拟退火算法求解低碳有能力约束的车辆路径问题［J］. 科学技术与工程，2020，20（11）：4202-4209.

[28] Kirkpatrick S，Gelatt C D，Vecchi M P. Optimization by simulated annealing［J］. science，1983，220（4598）：671-680.

[29] Cerny V. Thermodynamical approach to the traveling salesman problem：an efficient simulation algorithm［J］. Journal of Optimization Theory and Application，1985，45（1）：41-51.

[30] Seyedali Mirjalili，Seyed Mohammad Mirjalili，Andrew Lewis. Grey wolf optimizer［J］. Advances in Engineering Software，2014，69（3）：46-61.

[31] 梁中渝．炼铁学［M］. 北京：冶金工业出版社，2009

[32] 那树人．炼铁计算辨析［M］. 北京：冶金工业出版社，2010.

[33] 任贵义．炼铁学（下册）［M］. 北京：冶金工业出版社，2004.